“品读南京”丛书

丛书主编
徐宁

南京历代服饰

黄强 著

南京出版传媒集团
南京出版社

图书在版编目（CIP）数据

南京历代服饰 / 黄强著.—南京：南京出版社，2016.10
（品读南京）
ISBN 978-7-5533-1562-1

Ⅰ.①南… Ⅱ.①黄… Ⅲ.①服饰—艺术史—南京
Ⅳ. ①TS941.742

中国版本图书馆 CIP 数据核字（2016）第 260116 号

丛 书 名：品读南京
书　　名：南京历代服饰
丛书主编：徐　宁
本书作者：黄　强
出版发行：南京出版传媒集团
南 京 出 版 社
社址：南京市太平门街53号　　邮编：210016
网址：http://www.njcbs.cn　　电子信箱：njcbs1988@163.com
淘宝网店：http://njpress.taobao.com　　天猫网店：http://njcbcmjtts.tmall.com
联系电话：025-83283893、83283864（营销）　025-83112257（编务）

出 版 人：朱同芳
出 品 人：卢海鸣
责任编辑：范　忆
装帧设计：潘焰荣
责任印制：杨福彬

排　　版：南京新华丰制版有限公司
印　　刷：南京工大印务有限公司
开　　本：787毫米×1092毫米　1/16
印　　张：14.5
字　　数：216千
版　　次：2016年10月第1版
印　　次：2016年10月第1次印刷
书　　号：ISBN 978-7-5533-1562-1
定　　价：41.00元

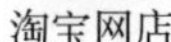
淘宝网店

天猫网店

编 委 会

总 序

徐 宁

南京，举世闻名的“六朝古都”、“十朝都会”，作为首批中国历史文化名城，其本身就是一部书，一部博大精深的书，一部诗意隽永的书，一部文脉悠长的书，一部值得细细品读的书。

南京的历史，可以追溯到遥远的史前时代。汤山猿人的头骨化石，证明了早在60万年前，南京便已有人类活动。大约在1万余年前，文明的火种播撒到这里，新石器时代的人类在溧水“神仙洞”留下的陶器碎片，成为他们曾经生活在南京的证据。距今大约五六千年前，在中华文明方兴未艾之际，在南京城内的北阴阳营，出现了古老的村落，先民们开始了耕耘劳作的历史。回溯人类古老文明兴衰的历史，我们会发现，无论是埃及、巴比伦、印度，还是中国，文明的光辉都如出一辙地兴起于大江大河之滨。南京襟江带河，气候温润，土壤肥沃，得天独厚的地理环境自然而然受到先民们的垂青。早先的人类，或许没有想到南京后来的辉煌与壮美，他们只是凭着生存与繁衍的本能，选择了这一方水土。

虎踞龙盘形胜地

南京的山水形胜，用“虎踞龙盘”来形容最为传神。

南京占据了长江下游的特殊地理位置，东有钟山，西有石头山（今清凉山、国防园和石头城一带），北有覆舟山（今小九华山）和鸡笼山，南有秦淮河。从自然地理的角度来看，南京山水齐具，气象雄伟，符合古代堪舆"四象"的格局，是"帝王龙脉"之所在，诸葛亮所言"钟山龙盘，石头虎踞，此乃帝王之宅也"实非虚谈。从军事的角度来看，南京三面环山，一面临水，地势险要，易守难攻，尤其是南京城西北奔流而过的浩瀚长江，江面宽阔，水流湍急，在冷兵器时代无疑是一道难以逾越的"天堑"。从经济的角度来看，南京东连丰饶的长江三角洲，西靠皖南丘陵，南接太湖水网，北邻辽阔的江淮平原，交通便利，既有秦淮河舟楫之利，又有"黄金水道"长江沟通内外。同时，南京地处富庶的江浙与广袤的中原之间，利于互通有无，促进不同地域文化的交流。

民主革命的先行者孙中山先生在《建国方略》中赞美南京："其位置乃在一美善之地区。其地有高山，有深水，有平原，此三种天工，钟毓一处，在世界中之大都市诚难觅如此佳境也。"

金陵十朝帝王州

正是这些优越的先天条件，让南京在中华文明史上显得如此与众不同——历史上曾有孙吴、东晋、宋、齐、梁、陈、南唐、明、太平天国以及中华民国十个王朝（政权）在此建都，人称"十朝都会"。

早在周元王四年（公元前 472 年），越王勾践命令谋士范蠡在中华门外长干里筑城，史称"越城"，标志着南京建城史的滥觞。公元前 333 年，楚威王熊商击败越王，尽取越国故土，并在石头山筑城，取名金陵邑，这是南京主城区设立行政建置的开端。公元 229 年，吴大帝孙权正式定都建业（东晋南朝称建康，今南京），开启了南京建都的历史。此后，东晋、宋、齐、梁、陈相继定都于此，南京由此得名"六朝古都"。

五代十国时期，杨吴权臣徐知诰（即南唐先主李昪）于公元 937 年以金陵为国都，改国号为唐，史称南唐。1368 年，明太祖朱元璋在应天称帝，以应天为首都，改称"南京"，这不仅是南京之名的开始，也是南京第一次成为统一的全国性的首都。1853 年，洪秀全领导的起义军势如破竹，席卷半个中国，而他所建立的太平天国政权也定都于此，取名天京。1912年，封建帝制被民主共和的浪潮所终结，中华民国成立，而作为这个新时代的象征，孙中山先生便是在南京就任中华民国临时大总统，死后则葬于中山陵。此后，到了1927年，国民政府以南京为首都。1949年，中国人民解放军百万雄师过大江，解放南京，历史翻开了新的一页。

在中华文明发展的历史长河中，南京阅尽人间沧桑。仅从南京名称的变化，便可见一斑。古人曾赋予南京冶城、越城、金陵、秣陵、扬州、丹阳（杨）、建业、江宁、建邺、建康、白下、蒋州、昇州、上元、归化、集庆、应天、天京，以及石头城（石城）、秦淮、白门、留都、行都、陪都、南都、龙盘虎踞、江南第一州等名号。

纵观中国历史，定都南京的王朝（政权）屡屡在汉民族抵御外族入侵的紧急关头挺身而出，承担起“救亡图存”的责任与使命，成为中华文化的保护者、传承者、复兴者和创造者。在历史的关键时刻，如果没有南京这座城市做出牺牲、担当和贡献，中华文明的进程不仅难以延续，中华民族的历史也要重新书写。与同为我国“四大古都”的北京、西安、洛阳相比，南京在中华文化史上占有特殊的历史地位，富有独特的文化魅力。

江山代有才人出

在中国的古都中，南京堪称是英才辈出之地。一代代帝王将相，一代代文人骚客，一代代才子佳人，一代代高僧大德、一代代富商巨贾纷至沓来，或建都，或创业，或致仕，或定居……他们被南京的钟灵毓秀所滋养，又反过来为南京和中华民族谱写出一曲曲辉煌壮丽的篇章。

孙权、朱元璋、孙中山这样的开国伟人自不必说，他们的文韬武略，丰功伟绩，彪炳千秋；一代名将谢玄、岳飞、韩世忠、徐达、邓廷桢、徐绍祯，气吞山河，力挽狂澜，战功赫赫；一代名臣范蠡、诸葛亮、王导、谢安、刘基、曾国藩，励精图治，运筹帷幄，富国强兵，他们共同为南京乃至中华民族的和平发展与辉煌荣光奠定基石。历朝历代，南京这块沃土人文荟萃，群星璀璨，既有谢灵运、谢朓、鲍照、李白、刘禹锡、杜牧、李煜、周邦彦、李清照、辛弃疾、萨都剌、高启、纳兰性德这样的大诗人大词家，又有范晔、沈约、萧子显、裴松之、许嵩、周应合、张铉、解缙这样的史学家和方志学家；既有支谦、康僧会、葛洪、法显、僧祐、陶弘景、达摩、法融、文益、可政、宝志、太虚、达浦生、丁光训这样的宗教人物，又有萧统、刘勰、颜之推、李煜、焦竑、李渔、汤显祖、孔尚任、吴敬梓、曹雪芹、袁枚这样的文坛泰斗；既有皇象、王羲之、王献之、颜真卿这样的书法巨擘，又有顾恺之、陆探微、张僧繇、萧绎、顾闳中、王齐翰、董源、卫贤、巨然、髡残、龚贤、郑板桥、徐悲鸿、傅抱石这样的绘画名家。科学技术领域亦是人才济济。南朝时期祖冲之，在世界上第一次将圆周率值推算到小数点后第 7 位，比欧洲早了 1000 多年；明朝初年郑和从南京出发，七下西洋，乘风破浪，直抵非洲，成就世界航海史上的佳话，比哥伦布发现新大陆还要早87年，南京由此成为中国海上丝绸之路的重要城市。

诗词歌赋甲天下

古往今来，南京独特的山川形胜和丰厚的历史底蕴，给世人提供了不竭的创作灵感和源泉。在南京诞生或以南京为主题的诗词歌赋比比皆是。创作者不仅有才子佳人，更有帝王将相和外来使节。诗词歌赋的门类众多，既有乐府诗、游仙诗、边塞诗，也有山水诗、宫体诗、怀古诗以及各类辞赋，其中流传下来的大多是经典之作，南京因此有“诗国”之称。

南朝诗人谢朓《入朝曲》中的一句“江南佳丽地，金陵帝王州”，传唱千年，将南京定格为一座美丽的帝王之都。南宋女词人李清照《临江仙》中的“春归秣陵树，人老建康城”，表达出的则是对南京的无限眷恋。明朝开国皇帝朱元璋《燕子矶》中“燕子矶兮一秤砣，长虹作竿又如何？天边弯月是挂钩，称我江山有几多”，展现出了一位草莽皇帝唯我独尊的豪情。清朝画家郑板桥《念奴娇·金陵怀古·长干里》中“淮水秋清，钟山暮紫，老马耕闲地。一丘一壑，吾将终老于此”，则表达了对南京山川的无限热爱和归隐南京的愿望。而毛泽东主席《七律·人民解放军占领南京》中“钟山风雨起苍黄，百万雄师过大江。虎踞龙盘今胜昔，天翻地覆慨而慷”，彰显的是革命领袖豪迈的英雄气概。至于明朝朝鲜使臣郑梦周笔下的“皇都穆穆四门开，远客观光慰壮怀。日暖紫云低魏阙，春深翠柳夹官街”，流露出的则是远道而来的客人对明代首都南京的由衷赞美。

南京更是一座常令世人抚今追昔、抒发胸中块垒的城市，历代以南京为题材的怀古诗佳作迭出。从唐朝诗人李白《登金陵凤凰台》中的“吴宫花草埋幽径，晋代衣冠成古丘”，刘禹锡《西塞山怀古》中的“王濬楼船下益州，金陵王气黯然收。千寻铁锁沉江底，一片降幡出石头”，到南唐后主李煜“四十年来家国，三千里地山河”；从宋朝宰相王安石《桂枝香·金陵怀古》中的“念往昔，繁华竞逐。叹门外楼头，悲恨相续。千古凭高对此，漫嗟荣辱。六朝旧事随流水，但寒烟衰草凝绿。至今商女，时时犹唱，《后庭》遗曲”，到元朝词人萨都剌《满江红·金陵怀古》中的“六代繁华，春去也，更无消息。空怅望，山川形胜，已非畴昔”，再到清代官员纳兰性德《梦江南》“江南好，建业旧长安。紫盖忽临双鹢渡，翠华争拥六龙看，雄丽却高寒”。这些诗词歌赋意境高远，讲述的都是盛衰兴亡。南京的诗词歌赋宛如一条淙淙溪流，千百年来，流淌不息。南京在为世人提供创作舞台的同时也成就了自己“诗国”的美名。

传世名著贯古今

南京这座古老的城市，给中国乃至整个世界，留下了一批又一批不朽的文化遗产。

文学方面，既有《世说新语》《昭明文选》《桃花扇》《儒林外史》《红楼梦》之类的巅峰之作，又有《文心雕龙》《诗品》之类的经典文艺理论和批评著作。史学方面，既有记录国家历史全景的《后汉书》《宋书》《南齐书》《元史》，又有专注于南京地方历史全貌的《建康实录》《景定建康志》《洪武京城图志》《首都志》《金陵古今图考》。书画方面，既有《古画品录》《续画品》之类的理论著作，又有《芥子园画谱》《十竹斋书画谱》之类的入门教材。宗教方面，既有不朽的佛教和道教典籍《抱朴子》《佛国记》《弘明集》《永乐南藏》《金陵梵刹志》，又有重要的伊斯兰教文献《天方典礼》《天方性理》《天方至圣实录》。科技医药等领域，既有《本草经集注》《本草纲目》之类的医药学名著，又有《首都计划》《科学的南京》之类的科技规划作品。

南京的传世名著文脉悠长，绵延不断。一部部南京传世名著，宛如一座座高峰，矗立在中国文化的高原上，让海内外世人叹为观止。

城市是文化的载体，文化是城市的灵魂。著名文物保护专家朱偰先生在《金陵古迹图考》中写道："文学之昌盛，人物之俊彦，山川之灵秀，气象之宏伟，以及与民族患难相共、休戚相关之密切，尤以金陵为最。"南京在中国历史上创造了一个又一个辉煌和奇迹，南京外在的秀美与内在的深邃交织在一起所形成的独特城市气质，催生了南京人开明开放的气度和博爱博雅的蕴含，以及对这座城市深深的眷念和热爱。

文化是一个民族的精神血脉，是人民的精神家园。优秀传统文化是中华民族的根与魂。为了进一步培育和践行社会主义核心价值观，推进"书香南京"建设，我们决定编写一套"品读南京"丛书。丛书以分篇叙述的形式，向读者系统介绍 1949 年以前（个别内容延续到 1949 年之后）具有鲜明南京地方特色、又有国际影响力的南京历史文化"名片"。丛书以全新的视角和构架，运用最新的研究成果，点、线、面结合，全方位、多角度重现南京的历史文脉，展现南京在各个领域的创造和成就，将一个自然秀美、历史悠久、文化灿烂、人文荟萃的南京呈现给世界。

（作者系中共南京市委常委、宣传部部长）

目　录

宋元篇

明代篇

清代篇

民国篇

前言

恩格斯说："劳动创造了人本身。"而服饰就是人类在进化中走向独立、走向文明的产物。《白虎通·衣裳》曰："圣人所以制衣服何？以为絺绤蔽形，表德劝善，别尊卑也。所以名为'裳'何？衣者，隐也；裳者，障也；所以隐形自障蔽也。"这段话意思是说，古代圣人为什么要发明衣裳？是为了遮掩我们赤裸的身体，区别人与人的尊卑、贵贱。当然服饰的发明，并非一两位圣人的创造，而是人类的群体共同创造。

当原始人演变为文明人时，人的羞耻感、审美感形成后，就有了衣服遮体的行为，服饰则有了美化的功能，于是有了《后汉书·舆服志》的说法："庖牺氏之王天下也，仰观象于天，俯观法于地，观鸟兽之文与地之宜，近取诸身，远取诸物，于是始作八卦，以通神明之德，以类万物之情。黄帝、尧、舜垂衣裳而天下治。盖取诸乾巛，乾巛有文，故上衣玄下裳黄。"

南京的历史可远溯史前时代，早在60万年前，南京就有古猿人的活动。五六千年前，鼓楼岗阴阳营出现最早的群居居民时，南京有了第一批原始村落。此时的南京人已经身披衣裳，头戴冠饰，展示出其生活习俗与审美情趣。

历史上的春秋、战国、秦汉时期，南京秦淮河流域人口聚集，出现了几座城池。最早是位于中华门外长干里一带的越城，南京筑城史由此发端，至今已有2400多年。史书记载，越王勾践的谋士范蠡曾率军驻扎在越城。群居的地方有南京人的生活，衣食住行必不可少。可以想象，当年南京人的服饰尽管简朴，却也是多姿多彩的。

由孙权建立的东吴政权定都南京，开启了南京历史上辉煌的时期，或者说作为帝都的时代。南京开始成为南方重要城市，乃至全国政治、经济、文化的中心，服饰文化、服饰文明同样在这一时期孕育，并向周边辐射。

南京的服饰文化比较突出，形成个性特点，由区域推向全国性的时尚，主要集中于三个时期：六朝、明代、民国。六朝时期人们思想奔放，追求个性解放，纵情狂啸，傲视世物，飘逸之感的褒衣博带成为时代之风尚。朱元璋建立明朝，推崇君臣纲常的伦理，强调贵贱有序和良贱有别的等级观念，申明定章，制定了史上最为严格的服饰制度。僭越服饰等级，甚至会引来杀身之祸。明代服饰的严明性毋庸置疑，程序化、规范化也非常标准。明代中期，社会变革，城市与市民阶层的崛起，对于服饰等级制度冲击甚大，明代中后期服饰逾礼越制现象屡屡出现。中华民国结束了中国两千多年的封建帝制，西风东渐，共和制度深入人心，满人之袍被改良为旗袍，成为中国服饰史上最具代表性的女性服饰之一，凸显中华女性的妩媚妖娆。民国中山装、长衫、西装并立，正是社会风气开放、服饰多元化的表现。除了这三个时期，在其他朝代南京的服饰并非没有特点，清代南京设有江宁织造，主要负责皇室纺织品的采购。云锦就诞生在南京，因灿若天上云霞而名闻遐迩，成为皇室所用纺织品的贡品。

南京历史悠久，历代服饰颇具特色，每个朝代都有各自极为鲜明的风格，这些不同时期、不同款式的服饰在中国服饰史上熠熠生辉，展示出南京城市发展、文明演进中物质化的一面，其色彩的鲜艳、工艺的精湛、艺术的美感，让后人叹为观止。

上古秦汉篇

（史前～公元220年）

发端：南京服饰的源头

大约60万年前南京就有古人类活动。

南京鼓楼一带距今五六千年前是一处山岗，山岗上生长着茂密的树木，动物出没其中……在鼓楼岗傍水的高坡上，一群不畏艰难的人们，手持简陋的工具，披荆斩棘，伐木砍树，挖地掘洞，搭建起半地下的原始房屋。房屋多采取南向或东南向，以适应温暖潮湿的气候。并且房屋逐渐由半地下向空中发展，圆形或方形的房屋开始建立在地面之上，周围密布较细的树木，围成栅栏，单个居住房屋在鼓楼岗建立起来。房屋渐渐多了起来，在约1万平方米的范围一个又一个地出现，渐渐形成了一个原始的村落，这个地方就是现在的北阴阳营；五千多年前，南京最早的原始居民就生活在这里。蒋赞初著《南京史话》记述：“金川河从它的西面流过，南、北两面过去都是池塘（古代的湖沼残迹）环绕，只有东面可经山道通向今鼓楼岗。南京的原始人都是选择江河旁的二级台地作为住所，因为当时的一级台地很潮湿，且有洪水泛滥之灾，不适宜于人类居住，只能作种植水稻之用。而鼓楼岗和五台山一带的河旁二级台地，正是原始人理想的住地。”

远古时期，人们穴居，为了生存，选择树叶、兽皮、羽毛遮掩身体，这就是人类最早的服装。在旧石器时期，人类已经开始使用兽骨制成的骨针，将兽皮缝制成衣，并懂得利用植物的茎皮搓制绳索。进入新石器时期，人们对植物纤维有了认识，初步掌握了制取和加工技术，提取植物纤维加工成线，再纺织成麻布，最后制成衣裳。最为突出的是桑蚕的养殖与蚕丝的利用。《后汉书·舆服志》记载：“上古穴居而野处，衣毛而冒皮，未有制度。后世圣人易之以丝麻，观翚翟之文，荣华之色，乃染帛以效之，始作五彩，成以为服，见鸟兽有冠角颟（同髯）胡之制，遂作冠冕缨蕤，以为首饰，凡十二章。”

研究表明，长江下游东南沿海一带7000年前就已存在有架织机，南京地区的原始居民选择鼓楼岗居住的时间要晚于有架织机出现一两千年，他们过着“身自耕，妻亲织”的生活，结束了茹毛饮血的时代，进入了文明社会。穿衣御寒、保暖、保护身体，随着阶级社会的演进，服饰“分尊卑，别贵贱”的作用出现，衣饰体现出一种身份与地位，人们开始自觉或不自觉地遵守由此产生的社会等级差别约束。

南京人的活动与服饰文明

3000 年前，相当于中原的商周之际，南京秦淮河流域出现了密集的原始聚落，被称为湖熟文化。3100 年前，南京是西周周章的封地。周灵王元年（公元前 571 年），楚国在今南京六合区已设有棠邑，置棠邑大夫。

春秋、战国时期，在这些聚落的基础上，南京出现了最早的城池。春秋末年，吴王夫差在今朝天宫冶山筑冶城，开办冶铸铜器的手工业作坊，相传吴王夫差在此铸剑。周元王四年（公元前 472 年），越王勾践灭掉吴国之后，范蠡在今中华门外长干里一带修建越城，南京建城史始于这年，距今有 2400 多年。越王的军队驻扎在越城里，越城之外的秦淮河两岸居住着居民和工商业者，人们在此经商做生意，形成了南京最早的市场。

越城西北方向约五华里的距离是古冶城遗址，在今朝天宫一带。在冶城西北约三华里的地方是古石头城，也就是战国中期楚国建立的金陵邑。楚威王灭掉越国后，在清凉山修建城池。传说楚威王在今狮子山以北的江边埋金（实为青铜），以镇“王气”，“金陵”由此得名。

秦始皇统一六国后，巡查天下，曾经东巡会稽，到过小丹阳（位于南京城东南），远眺紫金山有王者之气，于是凿方山地脉，以泄“王气”。

从五六千年前的南京原始居民，南京有了居民的活动，到春秋战国时期建越城、冶城、石头城，伴随着相应的商业、军事活动，人们的服饰也随着朝代的更替而变化。

从历史归属与筑城情况看，南京曾经分别属于吴国、越国、楚国。《首都志》卷 1 记载：“首都（指南京）于唐虞夏商皆属扬州，在周为吴，春秋末属越，战国时，楚灭越，置金陵邑，属江东郡。”

吴国国境主要是今苏皖两省长江以南部分以及环太湖浙江北部，太湖流域是吴国的核心，吴国后来吞并淮夷、徐夷等小国，其版图扩张到今苏皖两省全境、浙中北及赣东北地区。越国地处扬州东南（大扬州概念），是夏朝、商朝、周朝时期在今中国东南部建立的诸侯国。越国主要以绍兴为中心，春秋末期，越王勾践灭吴国，势力范围一度北达齐鲁，东濒东海，西达今皖淮、赣鄱，雄踞东南。楚国是周朝时期在中国南方建立的一个诸侯国。楚国建立后不断扩张，楚威王打败越王无疆后，原先越国领土划入楚国疆域。楚宣王、楚威王时期，楚国疆土西起大巴山、巫山、武陵山，东至大海，南起南岭，北至今安徽北部，幅员空前辽阔。

尽管吴国、越国、楚国的首都均不在南京，但是南京已经分别纳入其管辖范围，其臣民的服饰也具有该国的时代特点。

中国服饰制度中以服色来标明官员等级制度，古已有之，历代尊崇的颜色都与各个朝代的颜色崇尚有关。西周及之前的各朝，夏以木德，尚青；殷以金德，尚白；周以火德，崇尚红色。根据文献和考古发现，战国时期的丝织品已有多种色彩。其色彩主要是绛红、紫红、朱砂红、金黄、黑、白、土黄、棕褐，偶有蓝、绿。受工艺技术的限制，自然界的色彩并不能完全染色到纺织品上。《诗经》中更多叙述色彩的诗句有：“载玄载黄，我朱孔阳，为公子裳”（丝麻染的颜色有黑也有黄，我们朱红色的更鲜明，替公子哥儿做衣裳）；“缁衣之宜兮……缁衣之好兮……缁衣之席兮”（穿着黑朝服多合适，穿着黑朝服多美好，穿着黑朝服多宽阔）。从这些诗句中，我们不难看出当时人们对红、黑等颜色的偏爱。西周时期的战国，朱色、黑色都是高品级的颜色，社会风尚如此，由此推论春秋、战国时期的南京，其军民服饰的色彩应以红色为时尚。

孔子说过“服周之冕”，说明周代的冕服制度已初步成形。冕冠上的垂旒数是按照不同场合所明确的冕的种类与戴冕者的身份来确定的，有三旒、五旒、七旒、九旒与十二旒等。不过，这是郡王与诸侯、卿大夫等高级官员的服饰，南京虽然曾经分别归属吴国、越国、楚国，修建了城池，但毕竟不是国都，守城官员的级别不高，官服的体制也就是那么一些，其服饰的主流还是地方乡绅与普通居民的服饰。换言之，服饰的等差并不明显。

春秋、战国时期，服饰不是很丰富，后世的很多款式服装，尚未出现。人们的服装主要以袍服为主。楚国袍子款式有三种类型，其特点多交领、右衽、直裾，上衣下裳连体。最为流行的是长袖，袖下部呈弧状，衣身宽松，长沙陈家大山楚墓出土的《人物龙凤图》所描述的服饰可以佐证。此款服饰有华贵的气度，至西汉时仍然流行。另外还有两款：一种后领下凹，前领为三角交领；两袖下斜向外收杀，袖筒最宽处在腋下，小袖口；两袖平直，宽袖口，短袖筒。另一种后领直起，前领为三角交领，衣身较宽松。

楚墓出土《人物龙凤图》中服饰

上下连属的深衣在春秋、战国时期普遍使用，深衣的出现改变了过去单一的服装样式，男女皆穿深衣。男性的深衣因身份不同、场合不同，而有所区别。相对而言，女性的深衣比较单一。中国传统服饰形制上有两种：一位上衣下裳制，一位衣裳连属制，深衣属于后者，《礼记·深衣》曰："古者深衣，盖有制度，以应规、矩、绳、权、衡。"意思是：古人穿的深衣，是有一定的尺寸样式的，以合乎规、矩、绳、权、衡的要求。上古时期没有后世意义上的内衣，下衣是胫衣，无腰无裆，套在膝盖以下的小腿部位，在身体活动时，如下蹲、下跪、奔跑时，都会裸露身体，尤其是隐私处。那时没有桌子、椅子，人们会面谈事，都是坐姿，就是盘腿坐在垫子上，这样很容易"走光"。礼仪活动中，身体一部分露出来，会非常不雅。正因为这样，出现了深衣以避免身体或内衣露出来的尴尬。深衣有"身"藏不露之意。深衣的形制，大致上裳的一边相连，一边曲裾遮掩。相连者在左边，有曲裾掩之者在右边。深衣之所以续衽钩边，是因为出于掩裳开露的需要，在深衣的前襟被接出一段，穿戴时必须绕至背后，形成了"曲裾"。

深衣的用途广泛，穿着深衣，方便省事，可以为文，可以习武。深衣是朝服、祭服之外最好的衣服。深衣是士人除祭祀、朝服的吉服之外最为重要的服饰；对于百姓来说，深衣就是他们的吉服（礼服）。深衣产生于上古时期，是汉族服饰的最早形式，对中国服饰产生了巨大的影响，可以说是中国服饰演变史上极为重要的一个品种。后世的袍子、衫子都是在深衣的基础上产生的。汉代的命妇将深衣作为礼服；唐代的袍子加襕；宋代士大夫复制深衣；元代的质孙服、腰线袄子以及明代的曳撒都采用上下连衣的形式，甚至今天的连衣裙也是上古深衣的遗风。

秦汉时期的南京归属及其服饰

《首都志》卷 1 记载：“（南京）秦改为秣陵县，又置丹阳、江乘二县，并属鄣郡。项羽称霸，地属西楚。汉兴，封韩信，为楚国。既属荆。旋属吴。景帝时属江都。武帝元朔初析江都为丹杨、胡孰、秣陵三侯国。元狩元年后属丹杨郡。扬州刺史，治理于此，隶县有秣陵、江乘、丹阳、胡孰。后汉因之，存胡孰侯国，分扬州置吴郡，治建业。”

秦始皇创立秦朝，秦代周而立，根据五行相克之说，水灭火，因此秦代自认是水德，崇尚黑色，以黑色为贵，以玄冕为祭祀之服。刘邦初为沛公，杀蛇白帝子，称为赤帝子。汉高祖伐秦继周，为火德，赤为汉兴之瑞，其色尚红。两汉时期，尚色其间虽有变化，但是总体上尚红仍然占上风。

秦汉时期的男子服装以袍服为重，袍服以大袖为多，袖口则很小。这种袍服是用于朝会等礼仪活动时穿的礼服。官员平时多穿单衣，单衣样式与袍服略同，不用衬里，一般不穿在外。

到了汉朝，深衣与战国时期略有变化，西汉早期，深衣演变为曲裾，另有直裾。到了东汉，男子一般不再穿深衣，而改穿直裾、襜褕。襜褕与深衣的共同点在于衣裳相连，不同点在于衣裾的开法。襜褕的款式较为宽松，不像曲裾深衣那样紧裹于身。

汉代妇女礼服，仍以深衣为主，因此汉制称妇女礼服为深衣制。衣襟的绕转层数增多，衣服下摆增大。穿着者腰身大多裹得很紧，并用一根绸带系扎在腰间。深衣用曲裾掩遮身体的原因在于，汉代的长衣一般不开衩口，当时的裤多为胫衣，护体不严密，而且不开衩口，又要便于举步，在行走时，很容易暴露内衣。内衣是贴身而穿的亵衣，不能外露。为了避免这些尴尬，只有采取曲裾遮掩的形式。南京博物院藏有西汉墓出土男女木俑，木俑身上的男式深衣曲裾略向后斜掩，延伸得并不长，而女式深衣曲裾则向后缠绕数层，较男式深衣复杂。

汉代深衣实物样式

深衣属于贵族、有钱、有身份的人的服装，庶民则以短衣大裤为主，劳动者则着形似犊鼻的短裤，俗称犊鼻裤。它在江苏南部一直延续到清代，只因其可跪蹲在水田中操作。《史记·司马相如列传》曰：“而令（卓）文君当垆（酒店放置酒坛的炉形土墩）。相如身自着犊鼻裈，与保庸杂作，涤器于市中。”犊鼻裈实际是一种形状像犊鼻的短裤，从汉代反映犊鼻裈的壁画中，我们可以看出它的形状。

秦朝对于上古服饰体制多有破坏，包括废止六冕（大裘冕、衮冕、鷩冕、毳冕、绨冕、玄冕）。秦末天下大乱，礼崩乐坏，各路诸侯风起云涌。刘邦建立汉朝，接受叔孙通建议制定汉朝礼仪。叔孙通依据天地四时气候变化，规定天子一年四季所穿衣服，“上法天地之数，中得万民之和”。此后东汉永平二年（59 年），依据《周官》《礼记》《尚书》等篇，逐渐恢复天子、三公、九卿的冕服之制。

汉代服饰的等级差别，主要通过冠及佩绶来体现。不同的官职，有不同的冠。汉代戴冠极为讲究。凡官僚入朝、祭祀天地、五帝、参加婚礼、朝贺以及有教养的士人会见长者，必须戴冠，以示敬重。当时帝王、诸侯、朝官的礼冠称冕。职务、级区别不同，处理公务时所戴之冠也不尽相同。《后汉书·舆服志下》中记录汉代冠帽有 16 种之多，皇帝上朝往往戴通天冠，诸侯戴委貌冠，文官戴进贤冠，执法官戴法冠，谒者、仆射戴高山冠，等等。

南京在秦汉时期只是一个县，最高级别的官员也就是县令而已，官服并不复杂。秦始皇曾经巡视到小丹阳，其随行队伍人数众多，仪仗威严。

汉初南京也曾属于韩信封地，刘邦曾拜韩信为大将军，封楚王，后贬淮阴侯。韩信与其属员所穿服饰，就属于高官服饰，通过冠、佩绶来表示品级，也会有所体现。这样一来，南京土地上曾经走过秦汉时期的很多官员，他们的官服给南京人民留下了印象，并影响着他们的生活。

六朝篇

（公元 229 ~ 589 年）

冕服与官服：十二章纹标等级

公元200年，孙策临终时，将其弟孙权托付给张昭。年轻的孙权没有辜负兄长的信任，27岁时联合刘备在赤壁之战中大败曹操，奠定了东吴的霸业。

行霸业辟疆土

孙权听从鲁肃的谋略，稳固江东，适时出击，扩大地盘。先是征服了境内各郡的山越人，以其丁口补兵补户。然后解决了长江上游的江夏太守黄祖的威胁，将夏口纳入江东版图。经过赤壁之战和夷陵之战两次胜利，稳固占据长江中下游地区。江东的农业发展显著，纺织品逐渐兴起，青瓷业、冶铸业、造船业都较为发达，为东吴政权的崛起奠定了经济基础。

建安十六年（211年）东吴统治中心徙治秣陵（今南京），次年改秣陵为建业。229年孙权趁魏明帝年轻、吴国与蜀汉关系较好的时机称帝。孙权的东吴政权是六朝第一个政权。"其擅江表，成鼎峙之业"，"孙吴的立国与开疆拓土，实为东晋及其后的南朝立国江南的契机，并为五朝的疆域奠定了基础"（胡阿祥《六朝疆域与政区研究》）。

孙策时期，江东政权占据了吴郡、会稽、丹阳、庐江、豫章、庐陵等六郡，控制了长江下游今大别山、幕阜山、九岭山、罗霄山以东，广东省以北，东至海，北抵江等广大区域，奠定了孙吴疆域的基础。唐代杜牧有诗云："折戟沉沙铁未销，自将磨洗认前朝。东风不与周郎便，铜雀春深锁二乔。"这二乔指的是江东乔公两位国色天香的女儿大乔与小乔，分别嫁给了孙策和东吴都督周瑜。在关羽进攻樊城时，吕蒙一手策划并实施了"白衣渡江"行动，帮助孙权占领荆州，扭转了东吴在三国鼎立中的弱势地位。自建安八年（203年），孙权首征黄祖开始，至222年猇亭之役止，孙权确立对荆州的统治，前后费时凡20年，而自有荆州之后，孙吴疆域形势渐成稳固。

东吴所处的三国时期，其服饰与汉代相同。织物有丝、麻、葛等。

服饰有冠、衣裳、袜、鞋履、饰品等。按照穿着者身份，可分为帝王之服、官员之服与庶民之服；按照用途不同，分为礼服、冠服、朝服、军戎、燕居之服。

行周之冕

冕服是男子最高级别的礼服，通常做祭服使用，分为六种，又称六冕。其中的十二章纹，即大裘冕级别最高，是皇帝祭天时穿的大礼服。冕服制度盛行于周代，历代相袭，汉代至三国时期，虽然经历秦代末年的战乱，上古的服饰制度遭到破坏，然而经过汉初叔孙通的演绎，尤其是汉高祖刘邦的欣赏与推崇，冕服及其礼仪制度得以恢复。因此，汉代的冕服已经定型，并程序化。所谓冕服与冕冠，我们印象深刻，就是君王头上戴的有护板、有垂旒的冠。冕冠上的垂旒数是按照不同场合所明确的冕的种类与戴冕者身份来确定的，有三旒、五旒、七旒、九旒与十二旒等。衮冕十二旒，每旒十二颗玉，以五彩玉为之，用玉二百八十八颗（前后两面）；鷩冕九旒，用玉二百一十六颗；毳冕七旒，用玉一百六十八颗；絺冕五旒，用玉一百二十颗；玄冕三旒，用玉七十二颗。戴十二旒者为帝王，诸侯、卿大夫、大夫，只能九旒、七旒、五旒。也就是说垂旒的数量与身份是对应的，垂旒多的，说明官位大，品级高；垂旒少的，官小品低。因此不管人们对某官员认识不认识，通过冠冕的垂旒，就可以看出官位高低。这对于从事服务、保卫工作的侍从来说，尤其重要。一眼就辨别出大官、小官，引导时很方便，提供服务时，也不会出错。

汉代的冕服沿袭周代，多为玄衣、纁裳，上衣颜色象征天色未明之意，下裳表示黄昏之地。集天地之一统，有提醒君王勤政的用意。东汉至南朝早中期帝王冕服上绣日、月、星辰、山、龙、华虫、宗彝、藻、火、粉米、黼、黻十二章纹。章纹的图案并不是任意为之的，而是具有象征意义。

日、月、星辰，取其照临，如三光之耀。

山，取其稳重，象征王者镇重安静四方。

龙，取其应变，象征人君的应机布教而善于变化。

华虫（雉鸡），取其文丽，表示王者有文章之德。

宗彝，取其忠孝，取其深浅有知，威猛有德之意。

《五经图》中十二章纹

藻，取其洁净，象征冰清玉洁。

火，取其光明，表达火焰向上，率领人民向归上命之意。

粉米(白米),取其滋养，养人之意，象征济养之德。

黼（斧形），白刃而銎（斧子上安柄的孔）黑，取其善于决断之意。

黻（双兽双背形），谓君臣可相济，见善去恶，取其明辨，寓意臣民有背恶向善的含义。

十二章纹的形成，不仅表明服饰等差制度的形成，而且赋予了等差服饰的象征意义。中国古代的服饰，不只具有穿戴御寒保护身体的功能，也不局限于“别等级，明贵贱”的作用，而是具有了代表政体、代表国威、表现社会价值取向的意义。帝王穿上绣有十二章纹的袍服，不仅仅表示他是万人之上的一国之君，他还要了解社会，体察民情，树立正气，倡导社会和谐；他要有贤君之德，以江山社稷为重，明是非、辨曲直，率领人民创造社会价值，稳健发展。为人民谋福祉，为人民谱和谐，这是一个贤能、开明、睿智君王的责任。帝王的服饰传递了这样的信息，表达了这样的信念。

十二章纹的色彩，根据典籍，大致上分为：山龙纯青色，华虫纯黄色，宗彝为黑色，藻为白色，火为红色，粉米为白色；日用白色，月用青色，星辰用黄色。这样就有白、青、黄、赤、黑的五色，绣之于衣，就是五彩。

古代帝王在最重要的祭祀场合下，穿十二章纹的冕服，因此十二章纹为最贵，依照礼节的轻重，冕服及其章纹有所递减。那么，王公贵胄，文武百官的礼服（冕服）及其章纹也是依次递减的。王的冕服由上而下用九章，侯、伯冕服章纹由华虫以下用七章，子、男冕服由藻以下用五章，卿大夫冕服由粉米以下用三章。即除了冕服由大裘冕依次递减为衮冕、鷩冕、毳冕、絺冕、玄冕之外，绣在冕服下裳上的章纹也是递减的。

冕服是天子与诸侯、大夫、卿所穿的礼服，其头上所戴的冕冠，依身份差别，冠上垂旒有所增减。

晋武帝冕服图（引自《中国古代服饰史》）

魏晋沿袭汉制，略有革新。《晋书·舆服志》记载："六服之冕，五时之路，王之常制，各有等差……除弃六冕，以袀玄为祭服。"魏明帝乃始采《周官》《礼记》《尚书》及诸儒记说，还原衮冕之服。依据相关学说，规定天子、三公、九卿服饰。祭祀天地、明堂，均用旒冕。天子之服，用十二章纹。

通天冠行大礼

南北朝时期，皇帝冕服大致相同，南朝宋冕板加于通天冠上，称之为平顶冠。到了北朝的北周，天子有苍冕、青冕、朱冕、黄冕、素冕、元冕、象冕、山冕、鷩冕、衮冕等十二种冕服，冕服中均绣十二章纹，上衣六种章纹，下裳六种章纹。隋朝对北朝冕服有所改革，大业二年（606年），制天子服饰大裘冕，也采用十二章纹。自隋代开皇以降，天子唯用衮冕，自鷩冕之下，不再使用。唐代虽然沿袭隋制，但也有所创新，唐代皇帝与皇太子冠服出现通天冠、翼善冠、远游冠，其中通天冠为天子之服，远游冠为皇太子及宗室封国王者之服，翼善冠系唐太宗贞观八年（634年）创制，开元十七年（729年）废止，不再使用。宋代皇帝冕服，除祭祀天地、宗庙外，上尊号、元人受朝贺、册封以及各种大典礼时也穿。

总体上划归为祭服。冕服中最突出的是冕冠，冕冠有垂旒，天子十二旒。元代冕服，取宋代早期与金代的制度，天子的冕服之冕板、冕旒大致与宋代、金代相同。

魏晋沿袭汉制，有所创新。《晋书·舆服志》记载：皇帝祭祀明堂、宗庙，用平冕、黑介帻、通天冠。王公、九卿祭祀戴平冕，王公八旒、九卿七旒，“以组为缨，色如其绶。王公衣山龙以下九章，卿衣华虫以下七章”。晋朝冠服主要有远游冠、缁布冠、进贤冠、武冠、高山冠、法冠、长冠等，与汉代冠基本相同。笔者在《汉代的冠》一文中对汉代冠的形成与冠名有详细论述，可参阅。

南朝官服，天子戴通天冠，高九寸，冠前加金博山颜，黑介帻，着绛纱袍，皂缘中衣为朝服。皇太子戴远游冠，梁前加金博山。诸王着朱衣绛纱袍，白曲领，皂缘白纱中衣。百官朝服按时令，分为绛、黄、青、皂、白五种，称为五时朝服。时令只有春夏秋冬四季，五时朝服其实就是四季朝服。周锡保《中国古代服饰史》说：“缺秋时服，即白色朝服。”就是说名为五时，五种服饰朝服，实际上只有四时四色朝服。朝服内衬皂缘中衣。到了南朝宋，增加白绢袍或单衣一领。

顾恺之《列女仁智图卷》中官吏服饰

南朝官服区别等级的主要体现在官员所佩戴的绶、佩上。文武官皆用金章紫绶，相国丞相绿綟绶。此外尚有银章青绶、铜印墨绶，并有佩玉、佩水苍玉之差别。南朝宋，皇太子纁朱绶，佩瑜玉；诸王佩玄玉；太宰太傅等佩山元玉，以下佩水苍玉。南朝陈直阁将军着朱服，武官铜印，佩青绶。《晋书·陶潜传》记载：陶潜作彭泽县令时，遇到督邮检查，要求他去拜见，他不肯为五斗米折腰，“义熙二年（406年），解印去县，乃赋《归去来》”。《宋书·陶潜传》说是“解印绶去职”，这印绶就是官员等级象征的官印与绶。

南朝文官朝服（引自《中国历代服饰集萃》）

六朝时期的冕服在各朝代有所变化，晋代服饰制度因袭旧制，皇帝的服装有冕服、通天冠服、黑介帻服、杂服及素服。崔圭顺《中国历代帝王冕服研究》认为，晋代的通天冠服大致与前代一致，用作常服和朝服。服色汉代随五时色，晋代为绛色。南朝宋形制沿袭魏晋，对冕服进行了补充与调整。宋初将冕服中的衮冕称为平天冠服，将冕服分为大冕、法冕、冠冕、绣冕、纮冕，与通天冠服，皇帝服装共为六套。南朝齐的皇帝常服是通天冠服，其服饰构成通天冠、黑介帻、绛纱袍和中衣。南朝梁的皇帝朝服为通天冠服，由黑介帻、绛纱袍、皂缘中衣、黑鞋构成。南朝陈，服饰制度沿袭梁代，陈文帝天嘉年间虽有修改，却并无大的改动。

便服：褒衣博带

六朝所处的时代，决定了时代审美倾向与服饰的特点。即使生命是短暂的一瞬，也要让它迸发光彩，创造辉煌。六朝人追求个性解放，不掩饰自己的情怀。因此服饰上体现出自由与奔放，飘逸之感，洒脱之态，个性之魅，最具代表性的时代风尚就是褒衣博带。

褒衣博带成时尚

六朝时期男子服装有衫、袄、襦、裤、袍，其中长衫最具时代性，《宋书·徐湛之传》记载：“初，高祖微时，贫陋过甚，尝自新洲伐荻，有纳布衫袄等衣，皆敬皇后手自作。高祖既贵，以此衣付公主，曰：‘后世若有骄奢不节者，可以此衣示之。’”衫指短袖单衣。夏天为了凉快，人们喜穿半袖衫。宽大的衫子成为魏晋时期最具个性化的服饰，以嵇康、阮籍为代表的竹林七贤就好穿宽大的衫子。竹林七贤基本上都做过官，但是他们“越名教而任自然”，放弃官职，甘于做山野之人，抚琴长啸，寄情山林。他们穿的服饰不是官服，而是百姓的服饰，宽大的衫子，飘逸的风度，是他们蔑视权贵、鄙视世俗、纵情山水、精神奔放的最好写照。

宽大的服饰就是褒衣博带，由于不受礼教束缚，魏晋时期的人们服饰日趋宽大，不仅在朝官员的官服褒衣博带，当时的裙子下长曳地，形

竹林七贤砖印壁画北壁

制宽广；文人、庶民的服饰同样追求褒衣博带的宽大、飘逸之风，《宋书·周朗传》云："凡一袖之大，足断为两；一裙之长，可分为二。"衣裳的宽大程度是原来衣裳的两倍。上有喜好，下必效仿，魏晋社会追求飘逸之美，宽衣大袖是时代的潮流、社会的时尚。

孙位作《高逸图》之山涛

魏晋时期何以出现服饰趋向宽大的风格？魏晋时期玄学盛行，重清谈，人们吃药成风，服用五石散。服了药物，体内热量散发不出去，皮肤干燥，衣服与皮肤摩擦，容易溃烂，故必须穿着宽大的衣裳，以避免皮肤溃烂。鲁迅先生《魏晋风度及文章与药及酒之关系》文章中一针见血地指出："服了五石散后，全身发烧，发烧之后又发冷。普通发冷宜多穿衣，吃热的东西。但吃药后的发冷刚刚要相反：衣少，冷食，以冷水浇身。倘穿衣多而食热物，那就非死不可。因此五石散一名寒食散。只有一样不必冷吃的，就是酒。吃了散之后，衣服要脱掉，用冷水浇身；吃冷东西；饮热酒。这样看起来，五石散吃的人多，穿厚衣的人就少；比方在广东提倡，一年以后，穿西装的人就没有了。因为皮肉发烧之故，不能穿窄衣。为预防皮肤被衣服擦伤，就非穿宽大的衣服不可。现在有许多人以为晋人轻裘缓带，宽衣，在当时是人们高逸的表现，其实不知他们是吃药的缘故。一班名人都吃药，穿的衣都宽大，于是不吃药的也跟着名人，把衣服宽大起来了。"宽衫固然是个性的表现，本质上则是糟糕的身体与病态的审美追求。

换言之，外在的条件，主要是身体的因素，必须"褒衣博带"。魏晋人服饰的飘逸，并非仅仅为了表现仙风道骨，而是有自己的苦衷，不得已而为之的，歪打正着，形成了飘逸洒脱的服饰风尚。后人推崇六朝人纵情豁达、服饰上的飘逸之美，却没有窥见他们的苦衷，身体的疾病与精神的痛楚。

衣服长短随时易

六朝孙吴青瓷坐榻俑

《晋书·五行志上》记载了六朝服饰长短的变化：“（东吴）孙休后，衣服之制上长下短，又积领五六而裳居一二。干宝曰：‘上饶奢，下俭逼，上有余下不足之妖也。’……（西晋）武帝泰始初，衣服上俭下丰，着衣者皆厌褄。此君衰弱、臣放纵，下掩上之象也。至元康末，妇人出两裆，加乎交领之上，此内出外也……（东晋）元帝太兴中，兵士以绛囊缚……是时，为衣者又上短，带才至于掖，着帽者又以带缚项。下逼上，上无地也。”这段话的意思是说：三国时吴国孙休以来，衣服流行上长下短，领子的长占五六分，下裳才占一二分。晋武帝时，衣服又流行上面短小，下面宽大。晋元帝时，又改衣服上身更小，上衣至腋下。

可见东吴时期已经出现了上衣长而下裳短的情况，后来时尚潮流又出现“上俭下丰”的趋向。到了晋元帝时期，时尚潮流又发生变化，上衣长落伍了，恢复到东吴时的上衣短状况。时尚就是这样，反反复复，它不停歇，总是向前走，只是时尚潮流也是轮回的，向前走，走了一段之后，打个旋，继续往前走，又转个圈，如此反复，若干年后，人们忽然发现，时尚又回到了从前。当然，六朝衣服的长短变化，也受到时代因素的影响。衣裳的长短变化还有实用性的考虑，为了行动的方便，因为在东晋初年百姓迁徙频繁，士卒作战奔走，衣服长短也是出于迁徙、战斗的需要。

对于衣服长短的变化，东晋葛洪在《抱朴子》中也有记录：“丧乱以来，事物屡变，冠履衣服，袖袂财制，日月改易，无复一定，乍长乍短，一广一狭，忽高忽卑，或粗或细，所饰无常，以同为快。其好事者，朝夕仿效，所谓京辇贵大眉，远方皆半额也。”时局变化，民族迁徙，工作需要，都影响着六朝时期衣服长短的变化，但是对于衣服时尚美的追求，即便在动荡的时代，也依然存在，美是关不住的春光，总会“一枝红杏出墙来”。

魏晋大袖宽衫展示图（引自《中国历代服饰》）

东吴到东晋衣服长短的变易，也有审美观点变化而导致的因素。因为这个时期的人们，奢侈享乐风气很盛，必然影响服装款式的变化。这与六朝时期“褒衣博带”又有关联了，因为在晋元帝时，衣裳流行上短下长潮流之后，《晋书·五行志》记载：晋代末年，衣服又变得宽松博大，也就是“褒衣博带”的形式。褒衣博带是为了美，体现翩翩风度；衣服长短也是为了美，显得干练利索。

一件衣服，被六朝人摆弄着、玩赏着，他们要从衣服的变化中，展示他们的艺术才能，体现他们的审美情趣。六朝人有玩物丧志的，但并不是所有人都是颓废的，他们在玩中释放情绪，抒发情感，创造美丽。不要说六朝时思想的豁达奔放，不要说王羲之书法的飘逸，不要说谢安淝水之战的镇定自若，单说六朝人的服饰，其洒脱飘逸的风格，同样折射出这一时期崇尚个性自由、生活多姿多彩的光辉。

女服上俭而下丰

六朝女性日常服饰上身着襦、衫，下身着裙。晋代谢朓《赠王主簿》云：“轻歌急绮带，含笑解罗襦。”傅玄《艳歌行》也曰：“白素为下裾，丹霞为上襦。”襦与衫子有宽大与窄狭之分，歌咏窄衣的诗有梁代庾肩吾《南苑看人还》：“细腰宜窄衣，长钗巧挟鬓。”六朝女子喜欢穿窄

南朝男女陶俑

长的襦，腰肢纤细，下裙敞开，有飘逸之态。这是一种时代的审美倾向。也有歌咏宽衣的诗，如吴均《与柳恽相赠答》：“纤腰曳广袖，半额画长蛾。”袖子是大袖，可是穿着的女子腰肢还是纤细的。上俭下丰的概念就是上衣窄小，下裳（或裙）宽大。襦裙是此时代的女性使用最多的一款服饰，襦、裙还可以作为衬，穿在礼服之内。

上俭下丰是款式，不是风尚。六朝的女性服饰不仅不俭朴，反而是奢华的，追求夸张的视觉效果。《世说新语·汰侈》记载：晋武帝司马炎临幸王济家，王济作风奢侈，家中“婢子百余人，皆绫罗绔襹”。《南史·王裕之传》中也说：“左右尝使二老妇女，戴五条辫，着青纹袴襹，饰以朱粉。”孟晖在《金瓶梅的发型》中考证，绔襹就是裤裙，并根据上面的描绘说：“东晋南朝时代下层妇女，如婢女，乳母等，经常穿着一种叫做绔的服装。”

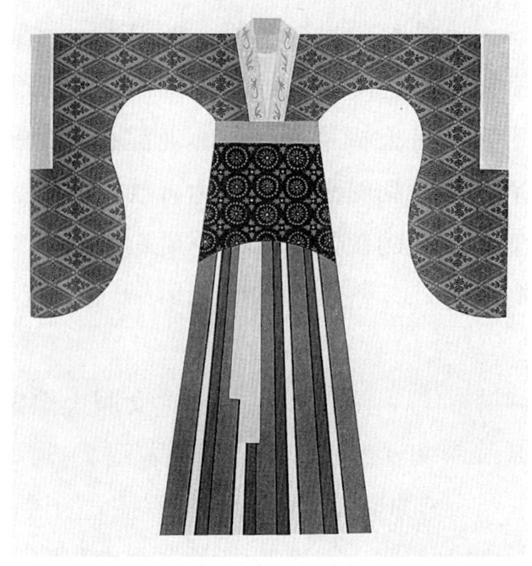
魏晋大袖衫、间色裙穿戴展示图（引自《中国历代服饰》）

因为这些婢女、乳母穿的绔襹都是比较奢华的服饰，一般人穿不起。笔者在此补充一点，东晋南朝时期只有富裕人家下层妇女，才能穿上绔襹，也正是因为这些豪门巨富生活奢侈，讲究享受而致，并非他们对下层妇女的厚待。由此推测，绔襹或许是大户人家下层妇女的一种工作礼服，也就是来尊贵客人时，专门用于招待的礼仪制服、高档面料的工作服，以此显示富足，与石崇斗富是一个性质。

六朝时期，贵族炫富、斗富，以有钱为本领，倒是与现今个别土豪相似。六朝炫富的贵族依靠的是家族势力，在战乱中积攒了财富，获得了权力。富二代、官二代以家族的权力、财富来炫耀，实则是内心空虚的表现。没有精神追求的富二代、官二代，只会注重于“面子”，只会在醉生梦死中虚度光阴。

傅粉施朱扮女相

从魏晋的政治恐怖，到六朝的人生无常，生与死都是痛苦，因此六朝人在这样的政治环境下，把生死放置一旁，开始放纵，追求个性的解放，追求及时行乐。贵族人家，纨绔子弟，经济上富足，不再满足传统的饮酒作诗，他们要拥有快乐每一天，爱惜自己，那就先把自己整得美一点。《宋书·范晔传》曰：“乐器服玩，并皆珍丽，妓妾亦盛饰。”

关于贵族出行，《颜氏家训·涉务》说：“梁世士大夫，皆尚褒衣博带，大冠高履，出则车舆，入则扶侍，郊郭之内，无乘马者。”这些人戴大冠，穿大袖衫，足登高履鞋，好不威风。不仅服饰如此，在妆饰上也很讲究。一般说来，化妆是女人的事，贵族女人羞于不化妆出门，但是六朝时的贵族子弟，也爱上了化妆，涂脂抹粉成时尚。《颜氏家训·勉学》说：“梁朝全盛之时，贵游子弟……无不熏衣剃面，傅粉施朱，驾长檐车，蹑高齿屐。”

大冠巍峨，车马威风，人们以为过来的是什么大人物呢，走近了才知道不过是几个脸上涂抹脂粉的娘娘腔的贵族子弟，全不是正儿八经做事的人，更不要说做什么国家栋梁。

军服：寒光照铁衣

南北朝时期，战争频仍，政权更替频繁。因为战乱，百姓流离失所，客观上使得南北方文化交流频繁，互相影响。按照教科书上说法，这是一个民族大融合时期。尤其是经过北魏孝文帝的改革，以汉服取代胡服、说汉话，原本是少数民族的北魏完成了汉化改革，其官职、文化都与汉民族相同。同样，北方少数民族的服饰也影响着南方的汉族，来自于少数游牧民族的褶裤，先是成为军戎之服，后来推广到社会，成为男女共用的服饰款式。

六朝政权更迭频繁，城头变幻大王旗，战事不断。权力更替依靠军队，对外战争也需要强大的军队。其主谋无一例外都是手握兵权的将领，手中的兵权就是他们夺权的法宝。六朝的统治者依靠军队，训练军士，因此，民族的交融、战争的需要，也促进了军服的发展，尤其是用于战斗的铠甲的制作。

军服中的轻便装

袴褶展示图（引自《中国历代服饰》）

六朝时期的军戎之服主要是袍、袴（裤）褶服和裲裆。

袴（裤）褶本为胡服，上服褶而下服袴，其外不用裘裳，故谓袴褶。战国时由北方少数民族地区传入中原，渐为汉族采用。北朝时袴褶因便于骑乘，故多为军中之服。南朝也引入袴褶，并由军服扩展为社会通用。袴褶分为大口袴褶与小口袴褶，前者流行于北朝，后者在南朝、北朝均有流行。

袍子长至膝下，宽袖，褶短至两胯，紧身小袖。袍、褶一般都是交直领，右衽。但是也有盘圆领的。裤则为大口裤，东晋与西晋相比裤脚更大，很像今天的女裙裤。襦袍一般穿在铠甲之间，也可直接穿在外面。衣长至膝，圆立领，衣襟在领右侧垂直向下，穿长衣袖，单、棉都有。袍袄是指战袄和战袍，着装时足着靴，腰束皮带。这种军装使用时需要与裲裆配合。

东晋以后朝代的戎服裤基本沿袭东晋样式，一般都是大口裤，裤脚在膝下用带扎住，成为“缚裤”，“缚裤不舒散也”，有时也用行缠，还有直筒裤。袍和裤褶服属于军服中的轻便装，即用于平时训练（作训服）、侦查、偷袭等小范围、小规模的活动。因为襦袍、裤褶服以布服制作，质地柔软，贴身轻便，秘密行动时，服装与人体摩擦声小，不易被发现。短兵相接、近身格斗时，穿着者身体灵活，便于操作。袍服因为没有坚硬的金属片护体，不适合大规模作战。

裲裆铠穿戴展示图（引自《中国历代服饰》）

六朝时期，适应战争的需要，出现了裲裆。裲裆有两种用途：一是普通服饰，作为背心使用，不属于军服。二是作为军服使用，有坚硬的护甲。

裲裆甲是最常见的军服，以丹韦制成。丹为红色，韦是去毛熟治的皮革。韦长二尺，广一尺，有两块组成，《释名·释衣服》云：“其一当胸，其一当背。”一般套在袴（裤）褶服外，若穿在袍袄中，则称为“衷甲”。

《隋书·礼仪志》曰：“陈皆采梁之旧制……直阁将军、诸殿主帅朱服武冠，正直绛衫，从则裲裆衫。”这种裲裆衫长至膝上，直领宽袖，左、右衽都有，原来可能是作为裲裆甲的一种衬戎服，军官与士兵都可以穿。

后来武冠在裲裆衫外披上与裲裆甲形制完全相同的布制或革制裲裆，作为武官的公事制服。

南北朝时期的裲裆，并非南朝独创。裲裆的创制来源于北朝，北朝以游牧民族为主，全民皆兵，马上征战，每一个战士都有一副裲裆随身，脱下是农民，穿上是战士，裲裆在北朝使用非常普遍。在南北朝的战争中，北朝的裲裆渐渐为南朝接受，并成为南朝的主要服饰品种（不限于军服）。

在铠甲里面，军人主要穿着袍、襦袄、袴褶等衣裳，有时还带上披风。早期的褶向左方掩襟，随着汉化程度的增加，出现了向右掩襟的交领褶衣。一般长仅过臀。用宽革带束腰。属于北方游牧民族服式的褶，有大翻领，对襟的式样。北方的裤子一般裤腿比较窄，有些还在腿部用带子束口。南方的武士裤腿肥大，敞口，仅在膝下束带。

朔气传金柝　寒光照铁衣

六朝时的战争到底有多么残酷，从古诗中窥视一斑。“将军百战死，壮士十年归。”乐府诗《木兰辞》为我们了解当时战争的惨烈埋下了注脚，青春少年意气风发，艰苦卓绝的战斗，消耗了他们的青春年华，战争结束后能够活下来已属幸运，奉献了青春，经历了艰苦，到回到家乡时已经是迟暮老者，身体佝偻。

战争、战斗、厮杀、流血、辗转、奔波，“万里赴戎机，关山度若飞。朔气传金柝，寒光照铁衣”。身着戎装的将士在寒冷的气候中宿营扎寨，月色中，戎衣上闪烁着寒光，阴森恐怖。诗歌虽然说的是北方的战争，其实也适合南方的战斗，这其中也有南北方的交战。战斗中能够幸存的将士，除了将士指挥得当，面对面厮杀，坚固、高效的铠甲防护是必不可少的。对方的刀枪未能砍破、刺入铠甲时，就有了拼死一搏的翻盘机会，回手一刀，翻身一枪。倘若铠甲中看不中用，中了对方的一枪就会呜呼哀哉，哪里能够喝到庆功的美酒！可见铠甲的坚硬、坚固远比款式、美观性要重要百倍。

战争催生进攻武器的出新，也促进防御铠甲的诞生。坚硬无比，耐抗击的铠甲筩袖铠应运而生。《南史·殷孝祖传》说：“二十五石弩射之不能入。”“二十五石”是指弓弩的力量，弓弩通常比弓箭力量大，

魏晋军戎服饰复原图（引自《中国古代军戎服饰》）

穿透性强，杀伤力远远大于张弓搭箭的弓箭，可以抵挡“二十五石”力道的弓弩，这筩袖铠的抗击硬度算得上高水平。为什么筩袖铠如此坚硬？陈琳《武库赋》云：“铠则东胡阙巩，百炼精刚，函师震椎，韦人制缝，玄羽缥甲，灼爚流光。”制造上可能采用了当时最为先进的工艺，制作铠甲需要迭锻五次。

筩袖铠形制胸背相连，有短袖，用鱼鳞形甲片编缀而成，形如现代的短袖套衫，有的还有盆袖，《南史》《宋书》等也称“诸葛亮筩袖铠”。筩袖铠使用鱼鳞纹甲片或龟背纹甲片，连接起来组成整体的圆筩形护身甲，并在肩部装有护肩的筩袖。

骑兵使用筩袖铠时，还配有腿裙，这种腿裙比汉代的要长，更能保护骑兵的腿部。

在裲裆甲基础上前后各加两块圆形的钢护心，加强了对心肺部位的防护，这些圆护酷似镜子，可以反射阳光，明光甲因在胸前的甲片如明镜般瞠亮而得名，明光甲不仅有披膊、腿裙，还有护项（由原来的盆领变化而来），防护面积也比其他铠甲都大。除了胸部是整块甲片外，其他部位都用小甲片编缀而成。刘永华《中国古代军戎服饰》认为，由于明光甲比其他铠甲大，因此，明光甲可能是官品比较高、兵种较重要的将领。

在使用方面，六朝后期，明光甲用绊束甲，使铠甲比较贴身，便于行动。束甲绊的材料有皮条、丝线和绢帛。束甲时将甲绊套于领间，在领口处打结后向下纵束，至腹前再打结，分成两头围裹腰部后系束在背后。

筩袖铠、具装铠都属于硬甲，抗击能力强，但是因为铠甲多用金属甲片与皮革制成，厚重，非战事时穿着就显得笨重。因此，这一时期在铠甲之外，军戎之服中出现了一种短袖襦的软甲，其形制具有胡服的特点，小袖口，左衽、右衽或者前开襟，大翻领，单、棉都有。这种软甲的穿着对象是不直接进行战斗的士兵，即后勤运输士兵。穿着时袒露一臂，可以看出工作性质，不直接交战，可以划归为非战斗人员。短袖襦，类似现代军服中的作训服，重量轻便，穿着便捷，可以提高工作效率。

软甲中还有一种锁子甲，又叫连环甲或环锁甲。形制用数千个铁环上下左右画像勾连而成的一种软甲。优点是轻便坚固，相同重量的铠甲中，锁子甲的防护性能远胜于其他任何甲种，而且具有无可比拟的柔韧性。

威武礼仪冠　实用作战冠

军戎制服还有一个重要的组成——冠帽，这在古代非常重要，两军交战，刀枪无眼，头部更是攻击的重点。因此保护头部也成为军戎之服的重中之重，冠帽称之为军戎之冠一点不为过。

武将之冠主要有武冠、鹖冠、却敌冠、樊哙冠等，兵卒之冠多为兜鍪。六朝时期的武冠形象资料很少，从外形上看与汉代基本相似，用漆纱制成，冠下也戴帻。根据《晋书·舆服志》记载，晋代武官戴此冠一般不加金珰、附蝉、貂尾，只有侍中、常侍等侍臣，才用冠上饰物来区分品级。

从汉代沿袭而来的武官主要有却敌冠、樊哙冠，《晋书·舆服志》记载：却敌冠，前高四寸，通长四寸，后高三寸，制似进贤冠；樊哙冠，广九寸，高七寸，前后各出四寸，制似平面，皆为殿门司马、卫士所用，属于礼仪武冠。还有一种礼仪冠是袷。晋代崔豹《古今注》曰：“帢，魏武帝所制，初以章申，服之轻便，又作五色帢，以表方面（指军队方面军）也。”《晋书·五行志上》说：“初，魏造白帢，横缝其前以别后，名之曰颜帢，传行之。至永嘉年间，稍去其缝，名无颜帢。”文献记载说明，帢是魏武帝曹操创制的，流传到六朝，此后帢演变为丧服冠。礼仪冠威武，漂亮，使用时气派，可壮军威。

戎服的冠饰以平巾帻、帽较为普遍。平巾帻形制在魏晋时期变化成一种小冠，后部突起，以笄固定于发上。帽有合欢帽、突骑帽、风帽等。

高级将帅喜欢用幅巾，以为时尚。南朝裴松之注《三国志·魏书·武帝纪》：“汉末王公多委（厌恶）王服，以幅巾为雅。是以袁绍、崔豹之徒，虽为将帅，皆着缣巾。”《通典》中“缣巾”作“幅巾”，幅巾的系裹方法可能与隋唐的幞头相同。

相对于作战，礼仪冠都是花拳绣腿，真枪实弹的作战武冠还是要实用的，管不管用，就看是否能承受住对手致命的一击。兜鍪胜任了这一重任。兜鍪是个顶部半球形的胄顶，由若干大小甲片拼制而成，在脸部两侧下垂而形成一个球状的保护网。眉心还有伸出来的三角形护甲。这样就将最为脆弱，最为危险的头部保护起来，凸起的胄顶，类似尖刺，在两将肉搏时，也可以作为进攻的武器，给对手致命一刺。当然兜鍪系金属制品，有重量，佩戴了兜鍪的将帅，头部的灵活受到限制，好在古人习惯了。

射人先射马　马匹具装铠

南北朝时期的南北对峙局面中，北方政权多由游牧民族建立，骑兵是其主要兵种。双方交战中，骑兵交锋比较多，因此在交战中战马很容易受伤，并且还有一种战术就是先射马。杜甫诗云：“挽弓当挽强，用箭当用长。射人先射马，擒贼先擒王。”依仗战马行动的骑兵，一旦马倒下，骑兵变成了步兵，身着厚重的铠甲就成为负担，比步兵更加不堪一击。

出于保护战马的需要，保护马匹的铠甲出现了。《宋史·仪卫志》曰：“甲骑具装，甲，人铠也，具装，马铠也。”《晋书·姚兴载记》记载姚兴击败乞伏乾归时，“降其部众三万六千，收铠马六万匹”。人马都披铠甲的重装骑兵是当时军队的主力。

《宋书·沈攸之传》记载刘宋大将沈攸之在江陵“聚众缮甲”，有“战士十万，铁马二千”。萧道成为了对付沈攸之，出动“铁马五千”，“浴铁为群”（铁甲坚滑如水洗过一样光亮）。《南齐书·东昏侯本纪》说南齐东昏侯萧宝卷为了对付萧衍，“实甲犹七万人”，“马被银莲叶具装铠”。这种银莲叶具装铠，也是“马具装”，但是只是讲求外表，并无实际战斗能力。铠甲越来越轻便精细，力求克服笨重的缺点，既要防身，

南朝战马画像砖

又要便于行动，因此，有把铠甲制成鱼鳞式的，也有用铁与皮革合制的。

战马的防护装备，在汉代有皮革制的"当胸"，曹魏时出现马铠，十六国时，才有了结构完善的马铠（具装），南北朝时成为骑兵部队普遍拥有的装备。一直到清代，甲骑都是军队的核心。战马所披的甲，古代叫具装，这种具装披在马身上，除眼、鼻、四肢和尾外，其余部分都能得到铠甲的保护。

从河南和江苏出土的画像砖以及骑具装俑来看，具装铠的形制与战国时期的马甲相同，只是在马尻部位多了一件称作寄生的装饰。寄生的形状多种多样，制作材料也各不相同。大部分具装铠还是以铁制作。

六朝时期的豪族往往拥有部曲私兵，装备精良，因而可以人、马都披甲。例如《晋书·桓宣传》记载：桓家拥有马的具装百具，步铠五百领。《北齐书·高季式传》记载：北齐高季式"自领部曲千余人，马八百匹，戈甲器杖皆备，故凡追督贼盗，多致克捷"。这些私兵部曲，集合起来就成为当时军队的核心。"甲骑"大量编入军队，并成为军队的核心力量，标志着古代骑兵发展的一个新阶段。它是氏族门阀制度和游牧民族氏族军事组织相结合的产物。

军戎服饰的色彩

六朝时戎装的颜色以红、白为主，一般是朱衣白裤，有时是白衣白裤，只在衣服的镶边上、铠甲外缘的包边上采用其他颜色。冠、靴基本用黑色，铠甲用金、银色为多，明光甲的一些边缘处，常涂以金色，极少部位配以湖蓝、绿等其他色彩。

军戎服饰颜色注重明亮、鲜丽，一方面是军威的展示，另一方面也是对力量、士气的激励，靓丽的彩色刺激将士的精神，激扬斗志。从科技角度说，明光铠的亮光在战斗中给对方炫目的反光，可以出奇制胜，一招破敌。从美学角度说，铠甲等戎服上大量使用红、白等色，与南北朝时期佛教、儒教的影响逐渐增大有关。

首服：头巾可漉酒

所谓首服就是加之于首（头部）的冠帽、头巾之类。《汉书·元帝纪》唐颜师古注引李斐曰："齐国旧有三服之官，春献冠帻縰（方目纱）为首服，纨素（绢）为冬服，轻绡（轻纱）为夏服，凡三。"帽子，原称"头衣"、"元服"，都是统称。在冠出现以后，一般都是贵族戴冠，平民戴巾。

顾恺之《列女仁智图卷》中官吏冠帽

巾，亦称头巾，裹头的布帕。主要功能是保暖和防护。本属庶民服饰，产生于劳动生产之中，后来亦用作区别官庶的一种标识。早期庶民用巾，兼作擦汗之用，一物两用。《玉篇·巾部》记载："巾，佩巾也，本以拭物，后人着之于头。"例如陕北农民羊肚巾，擦拭兼裹头，即毛巾与头巾兼顾。巾初期色以青、黑为主，秦代称庶民为黔首，汉代称仆隶为苍头，均根据头巾颜色而言。巾，通常以缣帛为之，裁为方形，长宽于布幅相当，使用时包裹发髻，系结于颅后或额前。男女皆可用之。初始多流行于庶民，汉代以来贵贱均可使用。

东汉末年，普通人戴的头巾发生变化，变为时髦的服饰，被身居要职的官吏用来束缚头发。摒弃冠帽，喜用幅巾（头巾），引起这种变化的原因有二：统治者的示范作用，如西汉后期元帝刘奭，因为额发丰厚，怕被人视为缺乏智慧，故用幅巾包首；王莽顶秃少发，便在戴冠前扎上一块头巾，以遮其丑。另一个原因，当时的士人不遵礼制，视戴冠为累赘，以扎巾为轻便，流风相煽，浸成习俗。南京西善桥出土的《竹林七贤与荣启期》砖印壁画，共绘八人，其中一人散发，三人梳髻，另外四人皆扎头巾，无一人戴冠。

男子首服款式渐多

六朝的冠服承继前代，《宋书·礼志》记载："汉承秦制，冠有十三种，魏、晋以来，不尽施用。"说及汉代有委貌冠、建华冠、方山冠等冠13种，笔者《汉代的冠》一文中列举的汉冠远不止13种。对于汉代的冠，魏晋时期并不全部采纳，而是选择性使用。

冠的主要作用是固定发髻。冠的两旁有丝带，可在下颌处打结以固定。冠有多种，不同的冠往往出现戴冠者的不同身份。皇帝戴通天冠，皇子戴远游冠，文官戴进贤冠，执法官戴法冠，谒者、使者戴高山冠，殿门武士戴樊哙冠。

魏晋戴远游冠及武弁男子

男子首服有各种巾、冠、帽。冠属于正规的，为官员等有地位人士所戴，中规中矩，官员们习惯了，规范化执行。但是祭祀、上朝等礼仪性活动之后，私人日常活动，总不能一直衣冠帽正，正襟危坐，不苟言笑吧。他们也需要轻松的时候，不能总是装样子，所以头巾最适合，由燕居推向社会。

汉代盛行的幅巾，在六朝流行于士庶之间。纶巾，原为幅巾中一种，又名诸葛巾。《三才图会·衣服》说："此名纶巾，诸葛武侯尝服纶巾，执羽扇，指挥军事，正此巾也。因其人而名之。"此时，在官宦阶层中出现，人们仰慕诸葛孔明的智慧，效仿一下，表示敬意。

正规场合，官员们要显示他们的官威，就必须戴冠。冠一戴气氛就

《洛神赋图》中笼冠

变得严肃、威严了，耳边响起“威，威，威”衙役的传唤声。漆纱笼冠，是集巾、冠之长而形成的一种首服，在魏晋时期最为流行。制作方法是在冠上用经纬稀疏而轻薄的黑色轻纱，上面涂漆水，使之高高立起，可以隐约看见里面的冠顶。东晋顾恺之《洛神赋图》中多位人物头戴漆纱笼冠。

六朝梁有博山远游冠。根据唐人段成式《西阳杂俎·梁正旦》记载，正旦之日（即夏历正月初一），东魏使者李同轨、陆操来到梁朝参加元正朝会，“坐定，梁诸臣从西门入，着具服、博山远游冠，缨末以翠羽、珍珠为饰，双双佩带剑，黑鞋……别二十人具省服，从者百余人”。具

《历代帝王像》中陈文帝、陈废帝

服即朝服，博山远游冠是秦汉以后沿用的一种帽子，后世也称通梁冠，诸王所戴礼冠。《南史·昭明太子传》记载，梁武帝天监“十四年正月朔旦，帝临轩，冠太子于太极殿。旧制太子著远游冠、金蝉翠緌缨，至是诏加金博山”。太子、诸王子用远游冠。

六朝时有一种冠，前低后高，中空如桥，因形制小而得名小冠。继小冠流行之后兴起的是高冠，戴此冠时，配套服饰是宽衣大袖衫。

帽子是南朝以后兴起的，主要有白纱高屋帽。阎立本《历代帝王图》中陈文帝即头戴这种帽，样式为高顶无檐，通常用于宴见朝会。再有黑帽，以黑色布帛制成，多为仪卫所戴。还有一种大帽，也称“大裁帽”，一般有宽缘，帽顶可装插饰物，通常用于遮阳挡风。

通天冠与进贤冠

通天冠也简称通天，皇帝的礼冠，用于祭祀、朝贺。汉代重创新制，以铁为梁，正竖于顶，梁前以山、述（展筩）为饰。自汉代以后，历代相袭，屡有变易。晋代于冠前加金博山（礼冠上的装饰物，以金、银镂凿成山形，饰于冠额正中），南朝宋代冠下衬黑介帻，隋代于冠上附蝉，并施以珠翠等。《通典·礼志四》记载：“天子小朝会，服绛纱袍，通天金博山冠，斯即今朝之服，次兖冕者也。”说明通天冠的重要性逊于兖冕，排在第二位。

南朝朝会时，天子戴通天冠、黑介帻，着绛纱袍，皂缘中衣为朝服。晋、齐、梁于通天冠前加金博山；齐太子用朱缨，翠羽緌；诸王则用玄缨，着朱衣绛纱袍，皂缘白纱中衣，白曲领为朝服。帝之兄弟、帝之子封郡王者也服之。

皇帝与百官皆戴进贤冠。进贤冠本为文官、儒士的礼冠，由缁布冠演变而来。因文官、儒生有向上引荐能人贤士之责，故名。进贤冠以铁丝、细纱为之，冠上缀梁，其冠前高后低，前柱倾斜，后柱垂直，戴时加于帻上。汉代以后历代相袭，其制不衰。晋代，皇帝也戴进贤冠，用五梁。百官戴进贤冠，有五梁、三梁、二梁、一梁之别。唯君主用五梁；三公及封郡公县侯等三梁；卿大夫至千石为二梁；以下职官为一梁。

尊崇白纱帽

六朝时，纱帽流行于上层社会，当时是贵人的常用头衣，尤为天子推崇。大概因为形制特别，白色又那么彰显，白纱帽受到六朝时期权力者青睐，《资治通鉴》记载南齐高帝萧道成夺取帝位时，王敬则将白纱帽加在萧道成头上，类似加冕。《梁书·侯景传》亦记载了侯景篡位的情况，“自篡立后，时着白纱帽”。白纱帽几乎成为皇帝的专用品，甚至成为皇权的一种标志。梁天监八年（509年）乘舆宴会改服白纱帽，原因就是白纱帽尊崇的地位。

阎立本画《历代帝王像》中，陈文帝头戴白纱帽，披皮裘，背后侍女梳双鬟髻，交领大袖衫，高齿履。这种帽子上尖下圆，从正面看有三道高梁，两侧有帽裙，还有卷曲向外翘着的帽翅。式样与《隋书·礼仪志》记载的白纱帽样子近似。此外，白纱帽又有白纱高屋帽、白高帽、高屋帽等名称。

白纱帽尊贵，文臣武将都以佩戴白纱帽为荣，然而一旦白纱帽成为皇帝礼冠后，官员们再想戴白纱帽就不如以前自由了，属于僭越。六朝时期政权更替频繁，手中掌控重兵的权贵，时时觊觎皇帝头上的白纱帽，那是权力的象征，一有机会就篡权夺位。白纱帽的名称也多了起来，有凤凰度三桥、反缚黄鹂、兔子度坑、山鹊归林等名目，它们是根据帽子的不同外形来命名的。

隐士的巾子与平民的帻

汉末至三国，社会动荡，物资匮乏，服饰趋向简朴，巾相对于冠，制作简单，使用方便，且由于贵族使用，在社会上流行起来，戴帻（头巾）不再限于百姓。张角起义军即头戴黄巾，因此称为黄巾军。正因为巾子属于平民的头衣，社会普及率很高，受众面广。巾子的名称与形制在魏晋、六朝时期有多种，有幅巾、白纶巾、葛巾、折角巾、菱角巾、白叠巾、白接䍦、鹿皮巾、乌纱巾（小乌巾）等。

魏晋时期战争频发，时局动荡，许多人逃避现实，隐居山林。而隐士的服装，尤其是冠帽出现了多种，如云冕、露冕、鹿皮巾、角巾等。由于一些隐士与燕居的士大夫，退仕的官员也戴巾，因而戴巾成为在野身份的一种象征。陶渊明的诗文很多人都读过，挂印辞官不为五斗米折腰，高呼“归去来兮”，其洒脱的个性给人们留下很深的印象。其追求理想世界的《桃花源记》更是让人耳熟能详，过目不忘。不受督邮刁难，辞去彭泽县令，回归田园，如脱离樊笼的小鸟，自由自在，那是陶渊明的潇洒。但是陶渊明为自由，为个性的解脱，并不仅仅是一个“挂印辞官”的事例，他还有不拘一格、反抗礼俗、追求快乐的故事。脱下头巾来漉酒，算得上他另一个出格的举动吧。《宋书·陶潜传》记载：“值其酒熟，取头上葛巾漉酒，毕，还复着之。”漉完酒，抖抖灰尘，又将头巾戴在头上，拎起他的酒葫芦，慢悠悠地走了，若无其事，旁若无人。他走过的地方，飘过阵阵酒气，头巾上混杂着经常漉酒又不及时清洗的酒酸味，大概没有那个诗人会有他这般潇洒，或者说无所顾忌。陶渊明头上戴的巾，就是六朝时隐士的头巾。

巾本来是百姓的专用，士大夫、官吏的介入，巾不再专属百姓，而成社会各界的宠物。有平巾帻、平上帻、纳言帻，南京石子岗东晋墓出土的六朝俑戴平巾帻，南京小红山出土的六朝文官俑穿直襟袍，戴平上帻。纳言帻为六朝刘宋时期尚书官所戴之帻，其形后收，寓纳言之意，故名。

角巾，又名折角巾。《晋书·羊祜传》曰：“既定边事，当角巾东路，归故里，为容棺之墟。”《世说新语·雅量》记载王导之言：“我与元规虽俱王臣，本怀布衣之好。若其欲来，吾角巾径还乌衣，何所稍严。”角巾即闲居中服，非居官所用。王导此言意在弃官，归隐故里。

白纶巾，也作白纶帽。《世说新语·简傲》曰：“谢中郎是王蓝田女婿，尝着白纶巾，肩舆径至扬州听事，见王。”《陈书·儒林传》记载了一个故事：白马寺前有一位穿着盛装的妇人，脱下白纶巾赠给德基（人名）。此故事传递两个信息：妇人也可用白纶巾，可拿白纶巾做礼物赠送他人。六朝时期还有染色的紫纶巾。《晋书·石季龙传上》记载：季龙讲究摆场，其仪仗队有千人之多，而且都是女骑兵，均着紫纶巾、熟锦袴、金银镂带，五文织成鞾，时常游玩戏马观，场面壮阔。

布巾，魏晋以后服丧时所戴头巾，属于丧服。《宋书·礼志》云：“魏时会丧及使者吊祭，用博士杜希议，皆去玄冠，加以布巾。”

接䍦，又作白接䍦，也称白鹭缞，始于晋代的一种巾子，多为白色，以白鹭之羽做成。通常为士人所戴，因其洁净。《晋书·山涛传》云："简（山涛之子）每出嬉游，多之池上，置酒辄醉，名之曰高阳池。时有童儿歌曰：'山公出何许，往至高阳池。日夕倒载归，酩酊无所知。时时能骑马，倒着白接䍦。'"山简之父山涛系竹林七贤之一，山简得其父遗风，年轻时已有隐士风范。儿歌的传唱，说明其品行与名望得到社会推崇，白接䍦的佩戴，更衬映出士人的高雅情怀。

幞头在此时出现，丰富了巾、帻的品种。其制源于东汉的幅巾。陆游《老学庵笔记》卷 9 记载："张津常着绛帕头。帕头者，巾帻之类，犹今言幞头也。"对于幞头，大家印象最深的大概是宋代的幞头，在宋代幞头流行甚广，社会普遍使用。但是幞头的产生远追溯到东汉，到北周武帝时作了改进，裁出脚后幞发，始名"幞头"。《资治通鉴》曰："甲戌，周主初服常冠，以皂纱全幅向后襆发，仍裁为四脚。"

六朝戴巾，不仅男子戴，女性也戴，有六朝墓出土俑佐证。南京石子岗出土的东晋女俑，穿长方领窄袖缩腰连衣裙，发上加巾子。南京幕府山出土的南朝女俑，穿窄袖长方领紧身短衫、长裙，梳十字大髻加巾子。

也有学者认为东晋南朝女俑头上戴的应为"巾帼"，与南朝流行的"巾子"有区别。巾用于包裹、缠束、覆盖头发，用于男子多称巾。用于女子头上，往往再衬以竹木片，绾以簪钗，其巾加入了配饰，则称巾帼，实则也是巾。沈从文《中国古代服饰研究》中称南京石子岗出土的东晋女俑"或疑为发上加巾子，近似孝服，非平时装束"。笔者认同此观点。从分类上讲，巾帼归属于巾，专门用于女性，并在巾上添加饰物。

簪子之类

簪，是用于贯发的实用器，兼有美观作用，为男女通用。古人蓄发戴冠，发簪必不可少。六朝时高髻盛行，更要用到簪子等物。《南齐书·王俭传》云："（王俭）作解散髻，斜插帻簪，朝野慕之，相与仿效。"飘逸的发髻，需要借助发簪来固定造型。斜插簪子更是突出性格的不羁，符合六朝士人玩情调、显个性的特点。

士人喜好簪子彰显个性，并非王俭一人。虞玩之的一双鞋子，穿了 30 年，已经破烂，鞋子的面料已污损变黑，齐高帝都看不下去了，于是

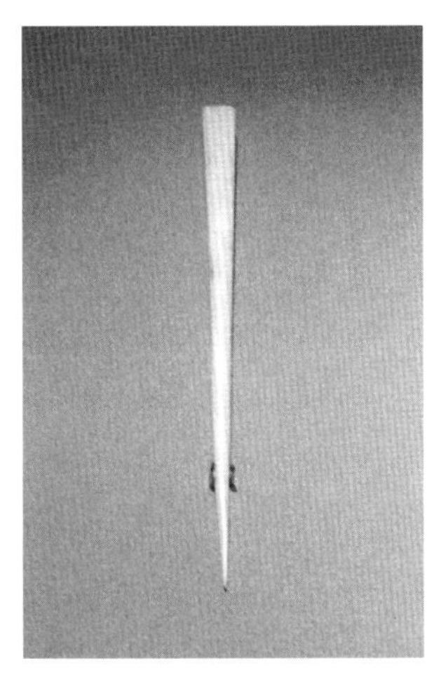
南朝象牙簪

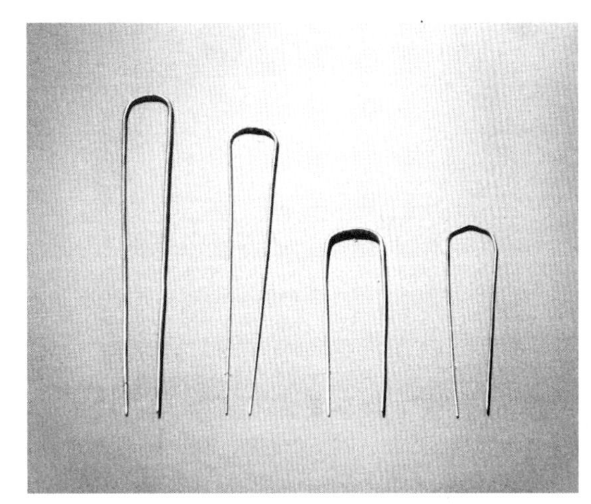
南朝金钗

赐他一双新鞋，虞玩之竟然不接受。

《南史·虞玩之传》记载：“（齐高帝）赐以新屐，玩之不受。帝问其故，答曰：‘今日之赐，恩华俱重，但蓍簪弊席，复不可遗，所以不敢当。’”韦庄《同旧韵》云：“既闻留缟带，讵肯掷蓍簪。”虞玩之并不是不认同皇帝赐的鞋履，只是忘不了用过的鞋履与簪子。可见履与簪都是士人重视的衣物。

发髻：高髻步摇皆风流

六朝人不受世俗礼教约束，发髻也迸发出个性的光辉。六朝时期的妇女发式，呈现出多种多样、花样百出、争奇斗艳、各领风骚的状态。

发髻多样化

南朝高髻俑

发髻样式，魏朝有反绾髻、百花髻、芙蓉归云髻、涵烟髻、灵蛇髻；晋代有缬子髻、堕马髻、流苏髻、翠眉惊鹤髻（一作峨眉惊鹄髻）、芙蓉髻；南朝有飞天髻、回心髻、归真髻、郁葱髻、凌云髻、随云髻、盘亘髻等。

倭堕髻，由堕马髻演变而来。其形制集发于顶，挽成一发髻，下垂于一侧。《中国衣冠服饰大辞典》说：“堕马髻，今无复作者，惟倭堕髻，一云堕马之余形。”也就是说，堕马髻到晋代时已经没有了，由堕马髻演变出来的倭堕髻，在此时流行，可以说是堕马髻的余形。南朝徐伯阳《日出东南隅行》有云：“罗敷妆粉能佳丽，镜前新梳倭堕髻。”从出土的文物看，北魏的泥塑有此发髻，由此推论，倭堕髻在六朝时期的南朝与北朝均有存在。倭堕髻的形制还延续到隋唐以后，其俗不衰。

缬子髻，亦称撷子紒、颉子紒。形制为编发为环，以色带束之。此髻由内宫女性创制，逐渐普及于民间。《晋书·五行志》记载：“惠帝元康中，妇人之饰有五兵佩，又以金银玳瑁之属，为斧钺戈戟以当笄。……是时妇人结发者既成，以缯急束其环，名曰撷子紒。始自宫中，天下化之。其后贾后废害太子之应也。”这段话说的是当时女性发簪做成兵器状或在发簪上饰有兵器纹样，以这样的发簪来束发（撷子髻）。《搜神记》作者干宝认为这是不祥征兆，后来贾后废太子即为兵器造型（图案）发簪用于束发的报应。此预言只是当时一种传闻，并不可信，但是此发簪是客观存在，并且成为颇为流行的一种发簪。再者传闻缬子髻由贾后创制，多不可信，其创制者应当是为贾后以及宫中嫔妃们梳理服务的宫女们。

螺髻，亦称螺蛳髻，形制如螺蛳壳而得名。初为孩童发式，后为女性发型，并成为魏晋时期主要发髻之一。《中国衣冠服饰大辞典》记载："童子结发，亦谓螺结，言其形似螺壳，"此发髻唐代以后，为成年妇女采用。

六朝女性还创制了盘亘髻，其形制为梳挽时将发掠至头顶，合为一束，盘旋成髻，远望如层层叠云。此髻始于汉代，因造型独特，非常美观，盛行于六朝，沿袭至隋唐。

南朝梁武帝天监年间宫女中流行回心髻、归真髻、郁葱髻。回心髻形制为发盘旋与顶，呈高耸状。归真髻，仅存名称，形制不详。郁葱髻，形制推测为发式蓬松状，如树木郁郁葱葱状。

秦罗髻，也称罗敷髻。其名称出自汉乐府《古诗为焦仲卿作》"东家有贤女，自名秦罗敷"。又说出自《陌上桑》"秦氏有好女，自名为罗敷"。笔者倾向后者，因为后者中很多诗句提及服饰。再者，"罗敷"之名大概是当时一个普遍名称，如同今天称美女一样。《陌上桑》在《宋书·乐志》中，题名"艳歌罗敷行"，在《玉台新咏》中，题"日出东南隅行"。南朝梁简文帝《倡妇怨情诗十二韵》曰："仿佛帘中出，妖丽特非常。耻学秦罗髻，羞为楼上妆。"文献中未明确罗敷髻的形制，也未见出土的陶俑实物发髻，笔者推测此髻是泛指，即当时女性美丽的发髻，其理由正如《陌上桑》对罗敷美貌的描写，没有正

南朝男女侍俑

面描写，而是多侧面借用他人眼中罗敷穿戴的服饰，以及行人眼中的罗敷来衬托罗敷之美:“行者见罗敷，下担捋髭须。少年见罗敷，脱帽着帩头。耕者忘其犁，锄者忘其锄。来归相怨怒，但坐观罗敷。”罗敷之美是众人感受的美丽，只可意会，不可言传。

阎立本《历代帝王像》中还有双鬟髻。陈文帝旁边的两个侍女，者宽袖衣，下束裙，作双鬟髻。双鬟髻在造型上也有区别，双鬟虽然同垂于耳旁，但是形态上有所变化，一是头上有两个发髻，鬓角垂发形成两股辫发，另一种头上无发髻，鬓角形成一块垂于耳旁。

假髻应运而生

上述的发髻都是用辫发梳理出来，盘成若干造型的发髻，属于真发髻。借助其他材料，与真发编织而成的，属于假髻。《北堂书钞》转引《晋中与书》说：“太元中，公主、妇女必缓鬓倾髻，以为盛饰。用髲既多，不可恒戴，乃先于木及笼上装之，名曰假髻，或名假头。”女性以戴假发、假发髻为美，成为时尚之举。

宜春髻，一种形制如燕子的发髻。旧俗，立春之时，妇女剪綵做燕子形状，簪戴于发髻之上，并在发髻上贴“宜春”的二字，以示迎春。

不仅南朝有假髻，北朝也有，相传北朝宫中就出现过一种名为飞髻的假髻，以假发编成，状如飞鸟之翼，高逾尺。今天我们看 T 台表演上模特高耸的发式、夸张的手法，以为是今人的创造，其实采用夸张的发型古已有之。

高髻遍及民间

自两晋以来，南方妇女的发式就渐趋高大，社会时尚尤其是女性以高发髻为美。

在晋代流行一种高大的发髻——飞天紒，《宋书·五行志》云：“宋文帝元嘉六年，民间妇人结发者，三分发，抽其髻直向上，谓之飞天紒，始自东府，流被民庶。”由宫内传至民间，逐渐在社会上流行起来。周锡保《中国古代服饰史》认为:“此像虽出自北方，当是受南族的影响所及。”对于这种高髻，庾信《春赋》有云：“钗朵多而讶重，髻鬟高而畏风。”

《洛神赋图》中灵蛇髻

高大的发髻在头顶上形成一个巨大的盘结，高耸，造型奇特，而且在头上顶一个巨大的发髻，可以衬托出身材的修长，有很强烈的视觉效果。

灵蛇髻，也是晋代女性的一种高髻。顾恺之《洛神赋图》中就描绘了灵蛇髻。梳理时将发掠至头顶，编成一股、双股或多股，然后盘成各种环形。因为发式扭转自如，如同游蛇蜿蜒，灵动，故名。灵蛇髻始于三国时期，传说为魏文帝皇后甄氏创制。《采兰杂志》记载："甄后既入魏宫，宫庭有一绿蛇，口中恒有赤珠，若梧子大，不伤人，人欲害之，则不见矣。每日后梳妆，则蛇盘结一髻形于后前。后异之，因效而为髻，巧夺天工。故后髻每日不同，号为灵蛇髻。宫人拟之，十不得其一二。"甄后观察绿蛇盘形得到启发，创立灵蛇髻。宫女效仿甄氏梳理灵蛇髻，难得其精髓。可见梳理灵蛇髻有一定难度。以笔者看来，仿蛇盘造型容易，但不易达到灵动的效果。灵蛇髻的玄妙在于"灵"，想来这种高髻，辫发盘恒，并会有一股辫发突兀髻前，产生灵动之感。那时候没有发胶来固定，只能借助木头、树枝支撑，达到盘旋、突兀的效果。后来的飞天髻，便由灵蛇髻演变而来。

南朝梳鸦鬟妇女

髻与鬟的区别在于髻是实的，而鬟是虚空的。

六朝时期发髻形式的实物至今没有见到，无法通过实物来考证六朝发髻的情况，但是这一时期的

南朝梳丫髻的侍女

出土陶俑、画像砖，记录了发髻的形制，对我们了解六朝发髻非常有帮助。

顾恺之《女史箴图》不仅绘出了当时汉族贵妇的服装，对发髻也有所表现。在这幅名作中，我们可以找到至少两种发髻：一种高髻，头上戴金枝花钗；穿广袖襦、拖地高裙，腰间有腰袱，绅带长垂。另一种双堕髻，顶插金枝花钗，穿襦衫；下着红双裙，系于衣外，绅带长垂。

通过对南京地区出土的南朝陶俑的观察，我们可以对比六朝发髻的状况。幕府山出土的南朝女俑穿窄袖长方领紧身短衫、长裙，头上梳着十字大髻加巾子。而西善桥出土的六朝墓陶俑，身穿交领宽袖连衣裙，头上做鸦鬟，一则说明六朝时期南京地区出现过高髻，女性使用的频率高；二则说明当时女子发髻中流行十字大髻和鸦鬟高髻几种款式。

步摇摇曳生姿

六朝时期发髻上的装饰物有步摇、花钿、簪、钗、镊子。簪钗之物，贵族妇女用金、玉、翡翠、玳瑁、琥珀、珠宝等材质，贫者用银、铜、骨之类的材质。

步摇、金步摇，这两个名称我们并不陌生。晋代傅元《有女篇》说：“头安金步摇，耳系明月珰。珠环约素腕，翠羽垂鲜光。”那么究竟什么是步摇？什么是金步摇？后人很是困惑。王三聘《古今事物考》云：“尧舜以铜为笄，舜加首饰，杂以象牙、玳瑁为之。文王髻上加珠翠翘花，傅之铅粉。其高髻名凤髻，加之步步而摇，故以步摇名之。又《释名》云：首饰、副。其上有垂珠，步则摇也。”说明了步摇名称的来源，因为戴上这种高髻，走动时，发髻颤动（摇动），一步一摇，颇为形象。

戴步摇具有一步一颤的动态，以及由此伴生的媚态，美感，因此受到推崇，所谓步步莲花，步步摇曳，步步媚态，步步风情。梁代范靖妇在《咏步摇花》中说：“珠花萦翡翠，宝叶间金琼。剪荷不似制，为花

顾恺之《列女传》中的步摇

如自生。低枝拂绣领，微步动瑶瑛。但令云髻插，蛾眉本易成。”

步摇不是魏晋时期才出现的，根据史籍记载，东汉时期就出现了步摇。《后汉书·舆服志》中关于步摇形制曰：“以黄金为山题，贯白珠为桂枝相缪，八爵九华，熊、虎、赤罴、天鹿、辟邪、南山丰大特六兽，《诗》所谓‘副笄六伽’者。诸爵兽皆以翡翠为毛羽，金题，白珠珰，绕以翡翠为华云。”孙机在《中国圣火》中考证：“步摇应是在金博山状的基座上安装缭绕的桂枝，枝上串有白珠，并饰以鸟雀和花朵。”他进一步推测步摇的形制有两种可能：“一种是在六兽中间装五簇桂枝；另一种则以二兽为一组，当中各装一簇，共装三簇桂枝。但无论装多少簇，既然枝上缀有花朵，则还应配上叶子，花或叶子大概能够摇动。”东汉的步摇与魏晋时期步摇形制接近，与南朝以降的步摇有所不同。根据孙机先生的推测，汉代步摇顶上有动物造型的基座，在基座上插入桂枝，配上叶子和花朵，有顶上开花的感觉。魏晋时期流行步摇，贵族妇女都以顶戴步摇为荣，摇曳生姿的姿态，仪容与魏晋个性彰显、突出才情的时代风尚是吻合的。根据顾恺之《女史箴图》中步摇的形象，可以看出步摇皆以两件为一套，垂直第插在发前。底部有基座，其上伸出弯曲的枝条，有些枝条还栖息着小鸟。

步摇出现于东汉，盛行于魏晋，流传至隋唐五代。五代时期的《花间集》和《尊前集》中录选的词也有说到步摇的。

步摇不仅受到汉族女性的欢迎，还传到少数民族地区，受到当地妇女的青睐。

男子发式逊色女子

在中国古代社会，男性占统治地位，在漫长的封建社会，男子的服饰远远胜于女子服饰，无论是质地，还是款式，以及形制，男服都比女服要丰富，要华贵。红色、绯色、紫色、绿色等等鲜艳的色彩，曾经是男服的主要色彩，隋唐之后官服以品色（即服色）来区别品秩的高低。男服中的佩饰，装饰就更多，以及围绕服饰的官靴、官帽，无一不体现色彩的变化、等差。

六朝时期的服饰，男服仍然比女服复杂、讲究，但是六朝时期的发式，男子发式远不如女子发式多样化。主要有永嘉老姥髻、解散髻。

永嘉老姥髻，相传始于晋代永嘉年间而得名。梁代陶弘景《周氏冥通纪》记载：“从者十二人，二人提裾，作两髻，髻如永嘉老姥髻。”此髻宽根垂到额前。解散髻，《南史》也作解散帻，一种用于儒生的发髻。在南朝时颇为流行，朝野上下，竞相效仿，此髻相传为南朝王俭所创。应该说这两种男子的发髻，都表现出洒脱、飘逸的风格，与当时玄学盛行、崇尚清谈、服饰宽大“褒衣博带”的风尚是一致的。服饰是时代的产物，发型同样体现时代的审美倾向。

概括起来，六朝时女性发型出现高髻与假发，是一种创意，也是一种创造。她们创造一种全新的发型，她们将美创意到发型上，并且借助木头、发套，使顶上姿采风光无限。对于后来的元代姑姑冠、清代耷拉翅都有深远的影响。南京是六朝的政治中心，六朝的创意发型始于南京。从这个方面也可以说，南京地区的服饰、发饰，当年由南京辐射到中原地区，甚至北方地区，向中华服饰奉献了创意因子，这是南京人、南京文化对中华传统服饰的贡献。

隋唐五代篇

（公元581～960年）

品服制度：满朝朱紫贵

唐代是中国封建社会的鼎盛时期，也是封建社会由盛转衰的分水岭。唐太宗开创贞观之治，唐高宗承继贞观遗风开创永徽之治，唐玄宗励精图治，开创经济繁荣、四夷宾服、万邦来朝的开元盛世。安史之乱使得唐朝元气大伤，从此由盛转衰。

隋唐职官设置与南京治所

隋朝中央职官废去北周模仿《周礼》所置的六官，确立了三省六部制度，三省即尚书省、门下省、内史省。尚书省的令、仆射，门下省的纳言，内史省的监、令，就是宰相。尚书省下分吏、礼、兵、都官、度支、工等六部，开皇三年（583年）改都官为刑部，度支为户部。每部设尚书，总管部务。此外，设御史台和太常、光禄、卫尉、宗正、太仆、大理、鸿胪、司农、太府等九卿。隋文帝采取北周制度，置上柱国、柱国、上大将军、大将军、上开府仪同三司、开府仪同三司、上仪同三司、仪同三司、大都督、帅都督、都督，计十一级，以酬勋功。

地方职官方面，沿袭齐、周时的州、郡、县三级。开皇三年，采取河南道行台兵部尚书杨尚希建议，罢去郡这一级，实施州、县两级制。

六朝繁华的南京，在隋开皇九年（589年）春，迎来灭顶之灾。隋兵攻占建康，隋军大将韩擒虎从胭脂井中擒获陈后主与张丽华，陈朝灭亡。隋得“州三十、郡一百、县四百、户五十万”。为了从根本上消除建康的都城地位及建康在南方人民心目中“江南佳丽地，金陵帝王州”的印象，隋文帝杨坚下诏“建康城邑、宫室平荡耕垦”。于是，六朝时期建康境内的宫殿府第、亭台楼阁全部被夷为平地，辟作农田，一扫六朝帝王都城的繁华。

隋朝时，南京通称金陵、蒋州。原先南京的地位较高，六朝时是帝都，京畿所在，到了隋朝由于扬州大都督府自金陵移至江都，金陵被降格为一般的州县。废丹阳、建业二郡，又废建康、丹阳、费、江乘、临沂、同夏、湖熟等县，仅保留江宁县，与溧水县同属设在金陵石头城的蒋州管辖，堂邑县则改称六合县。隋文帝诏令“于石头城置蒋州”，蒋州之名源于蒋山。石头城作为蒋州的治所，管辖江宁、溧水和当涂三个县。蒋州当时不过是一个二级地方行政区，曾经的“六代繁华，春去也”，经过隋朝的整治、区划调整，当年名都建康，唯见衰草寒烟。

隋朝、唐朝都城都在北方的长安。鉴于南京既有前朝旧都的政治影响，又有东南经济文化中心的实力，不容忽视，因此，李唐政权沿袭隋朝的做法，采取一系列行政控制措施，对南京进行打压，使得六朝古都备受冷落。隋唐时期的南京，是一个不受重视的城市，政治上没有什么作为。不过在全国人民的心目中，有六朝文化遗脉的南京仍然是一个非常有文化范儿的地方，很多文人骚客都来到南京游览、观赏、考察、品味。李太白留下了“风吹柳花满店香，吴姬压酒劝客尝”的诗句；刘禹锡走在石头城、朱雀桥、乌衣巷，歌咏出“朱雀桥边野草花，乌衣巷口夕阳斜”；杜牧描绘了“千里莺啼绿映红，水村山郭酒旗风”的风景；韦庄发出“江雨霏霏江草齐，六朝如梦鸟空啼。无情最是台城柳，依旧烟笼十里堤”的感叹。

唐代改江宁县为归化县，又改归化县为金陵县，再改金陵县为白下县，复改白下县为江宁县，最后改江宁县为上元县，隶属州治先后设在延陵（今丹阳市延陵镇）、丹徒（今镇江市）润州，郡治先后设在丹徒、江宁丹阳郡、江宁郡，以及州治先后设在江宁、上元的昇州管辖。昇州辖有上元（江宁）、溧水、溧阳、句容四县，六合县则属扬州管辖。

对于“归化”名称，卢海鸣在《南京历代名号》中指出，这是一个屈辱的名称：“表露出唐朝统治者对遥远的江南割据政权居高临下的一种姿态，以及中原王朝唯我独尊的传统思想观念。”

隋唐品官之服

隋唐时期的官服品种较多，《新唐书·车服志》说：“群臣之服二十有一。”隋唐官服分为朝服、常服、公服和章服。而影响最为深远的有两点：一是服饰的颜色标等级，始于隋唐。朱熹说：“今之上领公服（指唐代常服），乃夷狄之服，自五胡之末流入中国，至隋炀帝巡游

初唐穿大袖衫的官吏

无度，乃令百官戎服以从驾，而以紫、绯、绿三色为九品之列。”也说明公服之形制，本为北方少数民族的戎装。二是以禽兽分别官职大小，始于唐代，这就是后来明清时期官员补服的滥觞。

朝服又叫具服，其配套的服饰品种有绛纱单衣，白纱中单，黑领，白裙襦（衫），曲领方心，绛纱蔽膝，白袜，乌皮履。冠、帻、缨，革带金钩艓、假带等佩饰，一应俱全。这是用于陪祭、朝飨、拜表大事所穿的服饰，依所戴冠来分别官员品级高低。

公服亦称从省服，由冠、帻、簪导、绛纱单衣，白裙襦或衫，革带钩艓，假带，方心、袜履、双佩，乌皮履等品种组成。此服与朝服差别仅在于无蔽膝、剑、绶。小规模庆典、不是太重要的活动穿公服，或者说公服是小礼服；重大庆典、活动则穿朝服，换言之朝服为大礼服。

常服古称宴服。隋朝初年，隋文帝上朝穿赭黄文绫袍，乌纱帽，折上巾，六合靴。朝中显贵大臣所穿常服与隋文帝相同。区别仅仅在腰带，皇帝腰带有十三环。唐初因沿袭隋制，唐高祖李渊常服为赭黄袍巾，官员品秩高低也在腰带上，金铐带属于一、二品官员，犀牛带是六品以上所用，七至九品官员只准用银饰带，平头百姓只有铁质腰带可用。

常服在袍上饰有不同的图案，以此来区别官职尊卑。武则天延载元年（694 年）赐文武三品以上、左右监门卫将军等袍上饰以一对狮子，左右卫饰以麒麟，左右武威卫饰以一对老虎，左右豹韬卫饰以豹，左右鹰扬卫饰以鹰，左右玉钤卫饰以对鹘，左右金吾卫饰以对豸，诸王饰以盘龙和鹿，宰相饰以凤池，尚书饰以对雁。唐代的做法影响到明清时期官服上补子绣禽绣兽，以此区别文官武将及品秩高低。

章服因官员赏穿绯色、紫色袍服者，必须佩带鱼袋而得名。唐代的鱼袋用来装鱼符的，鱼符分左右两块，左右相合成合符，官员需要随身携带鱼符，左者进，右者出，类似印信、通行证的作用。永徽二年（651 年）

规定穿绯色袍的五品以上官员随身鱼银袋，穿紫色袍三品以上官员金饰袋；咸亨三年（672年）五品以上改为赐新鱼袋，并饰以银。

隋唐时期，把颜色施之于官服上，并按色区别等级，形成了官服品色制度。《文献通考》曰："用紫、绿、青为命服，昉于隋炀帝而其制遂定于唐。"《资治通鉴》曰："大业六年（610年）十二月，上以百官从驾，皆服袴褶，于军旅间不便。是岁始诏从驾涉远者，文武官皆戎衣。五品以上，通着紫袍；六品以下，兼用绯绿；胥吏以青，庶人以白，屠商以皂，士卒以黄。"柳诒徵先生《中国文化史》认为："衣服之制，区别之以色，则起于唐。"以服色标识官员品级高低，也由唐代开始。

唐代区别官大官小还有其他标识。唐初沿袭隋制，天子用黄袍及衫。《旧唐书·舆服志》《新唐书·车服志》记载：唐高祖以赭黄袍巾带为常服，其带用金銙、犀、银、铁带来分别。后因天子用赤黄袍衫，于是遂禁臣民服用赤黄之色。并定亲王等及三品以上服大科绫罗紫色袍衫，带饰用玉；五品以上服朱色小科绫罗袍，带饰用金；六品以上服黄丝布交梭双𬘘绫；六品七品用绿，带饰用银；九品用青，饰以鍮。至唐太宗时命七品服绿色，九品服青丝布杂绫。

唐贞观间又定三品服紫，金玉带銙十三；四品用绯，金带銙十一；五品用浅绯，金带銙十；六品服深绿、七品服浅绿，银带銙九；八品用深青、九品用浅青，鍮石带銙八；流外官及庶人用黄，铜铁带銙七。

高宗龙朔二年（662年）改八品九品着碧。总章元年（668年）始定一切不得入黄。上元元年（674年）敕文武三品以上服紫，金玉带十三銙；四品服深绯，金带十一銙；五品服浅绯，金带十銙；六品服深绿、七品服浅绿银带九銙；八品深青、九品浅青，并鍮石带九銙；庶人服黄铜铁带七銙。睿宗文明元年（684年）诏，八品以下旧服青者，改为碧。

上述服色，其间虽然时有变更，但是大体以紫、绯、绿、青四色定官品之高低尊卑。白居易《琵琶行》诗中有"座中泣下谁最多，江州司马青衫湿"，白居易被贬官江州司马，八品级别的低级官员，穿青色袍。明白了官服品级的服色，就很容易理解诗歌中所涉及的官阶、官袍的服色。

南京的地方官服

隋唐时期，南京的地位一落千丈。尽管因经济实力、文化底蕴、社会影响仍然是东南重镇，但是行政区划的地位不高，官员的配置也很普通。隋唐两朝的蒋州，不过是州府，相当于现在地级市的城市，官员级别四五品。官服的颜色只能是深绯、浅绯色。属员六品穿深绿、七品穿浅绿、八品穿深青、九品穿浅青色的袍服，也就是白居易笔下的“江州司马青衫湿”的服色。

如果我们穿越到唐代的南京，街上走过一台官轿，下来一位官员，他穿的官袍多半是深绿、浅绿或深青。想见到身穿深绯官袍的蒋州刺史，身着浅绯官袍的蒋州司马比较困难，偌大的蒋州城，地方长官要忙的事很多，哪里会在街上闲逛，让看客来欣赏他们的官服？就是蒋州下属的江宁县的七品知县“青天大老爷”，也不容易见到，能遇到几位县衙的八九品小官就挺不错了。更多的官员则是不入流的芝麻绿豆官，其官服已经不是深青、浅青色的官袍，而是黑色的官服，这就是我们通常说的皂隶，衙门内的衙差、捕快、牢头（监狱工作人员）等。衙门内的大量衙差，更多的是不拿官家俸禄，由县太爷聘任的临时工，有的费用从知县俸禄中支取。清代总督、巡抚封疆大吏请的幕僚，其薪水很多从官员的额外开支中支取，并不吃财政饭。

南唐周文矩《琉璃堂人物图》（局部）

不过，也有一位官职不大、名气很大的人物，那就是有“诗家天子王江宁”美誉的王昌龄，他与高适、王之涣齐名。开元二十二年（734 年），王昌龄任汜水县尉，不久再迁为江宁县丞。四年后谪赴岭南，天宝三年（744 年），又回任江宁丞，官江宁丞前后共八载。县丞是次于县令的官，算是县里的二把手，实际权力并不大，管理文书、仓库，大概是八品官，穿白居易说的青衫。王昌龄在江宁丞任上，与诗友在县丞的琉璃堂厅里作诗唱和，南唐画家周文矩据此绘王昌龄江宁事迹。绘画上的官服式样正确，服色似有问题，绯色袍服是五品官的官服，即蒋州刺史这样级别官员穿戴，江宁县令与县丞都不够级别。如果周文矩画的是蒋州刺史参与王昌龄的诗会那就符合品官服饰制度，或者王昌龄的一些品级较高的官员朋友来探望他，也未尝不可。

隋唐的官职配备，南京无法与长安那样的都城相比，官员级别不算高，但是南京毕竟是江南重镇，经济、文化的地位还是有分量的，大官来巡查也是常事。因此，除了唐代帝王之服，不会在江南出现，在南京地面上看到官员们身着红、绯、绿、青服色的官袍也很正常。隋唐时的南京，官服与中央的舆服制度是一致的。

军戎服饰：黄金百战穿金甲

隋唐时期是中国大统一时期，也是中国封建社会的巅峰时期，隋代比较短暂，但为大唐王朝的强盛奠定了基础。隋唐时期战争较多，主要是与边疆地区的突厥、契丹、吐谷浑等少数民族以及高丽的战争。汉民族之间的战争有两种：一种是维护国家统一方面的朝代更替战争，如隋朝灭陈的平定江南之战，平定王仲宣岭南之战，平息各地起义之战。另一种是隋末大动乱，狼烟四起，彼此势力比拼、吞并，最终都归于大唐一统。

公元 581 年，杨坚取代北周，建立了隋朝。开皇九年（589 年）灭江南的陈国，统一了中国。隋朝极盛时期，疆域东、南至海，西至且末（今新疆且末），北抵五原（今内蒙古杭锦后旗西）。隋代实行府兵制，全国设十二卫府分统全国军队，包括禁卫军和遍布全国各地的军府。

隋军兵临建康城

隋开皇八年（588 年）十二月，隋文帝杨坚命令晋王杨广统率水陆大军六十万，兵分八路，向南朝最后一个王朝陈进发。杨广（兼）、杨俊、杨素为行军元帅，韩擒虎为先锋。隋军乘坐战船浩浩荡荡渡江而战，醉生梦死的酒色皇帝陈叔宝，自恃有长江天堑，根本没把隋军的进攻当回事，在宫中依然唱着《玉树后庭花》。

开皇九年正月，隋兵自广陵渡过了长江。刚开始，老谋深算的贺若弼用兵不厌诈的策略，先将战船隐蔽起来，再买来五六十艘破船置于长江小港汊内，给陈军造成隋朝没有水军的错觉。又让沿江部队在换防之际，大张旗鼓，聚集广陵，陈军以为敌兵要发动进攻，慌忙准备，但隋军并不发一矢一镞，便匆匆而去，折腾了几次，陈军知是换防，紧绷的弦懈怠了。贺若弼又使人故意缘江狩猎，人马喧噪，声震江岸，迷惑对方，等待陈军松懈之时，乘机渡江，陈军并未发觉，一举攻破陈军防线。

杨广大军随后推进，屯驻六合桃叶山，隋军陈兵布阵，来势汹汹。隋军的铠甲沿袭北朝铠甲形制，将士们穿着裲裆铠和明光铠，在阳光照射下，甲片闪耀着炫光，非常刺眼；整齐的队列行进中，气势威武雄壮。隋军的铠甲在结构上较北周有所改进，形制变小，身甲全部用鱼鳞状的小甲片编制，长度延伸到腹部，北周时的皮革制甲裙被铁甲替代，提高了腹部保护强度。身甲的下垂缘呈半圆形状，缀有皮革材质的弯月形、荷叶形甲片，延伸到小腹，皮革材质相对铁甲柔软，贴合小腹。改进后的隋代裲裆铠，强化了腹部的保护，改变了以前腹部铠甲保护的薄弱环节。隋代明光铠，形制与北周相同，只是腿裙部位延长，腿甲长至脚背，垂于正面。这样长腿裙甲的明光铠，不便于骑兵乘骑，只适合步战。隋代军队的明光铠与前代同类铠甲相比，将护臂和延长的护腿纳入甲的基本要素，对后世的铠甲发展影响较大。隋朝将士铠甲，多用鱼鳞甲，头盔也用鳞片状甲，全身包裹严密。沈从文《中国古代服饰研究》认为，甲胄装备精坚，以隋代为首屈一指。后人称辽金甲骑为“铁浮图”，实远不如隋代鱼鳞甲完备。

隋唐铠甲穿戴展示图（引自《中国历代服饰》）

长江天堑是陈后主依赖的天然屏障，他认为长江可以阻挡隋军几十万人马，陈朝江山永固。然而时间不长，几十万隋军就到达了长江边，陈兵六合，蓄势待发。一场大战不可避免。那严整的军阵，那戎装包裹的铠甲将士，威风凛凛，让陈朝将士不寒而栗。

南北朝时期就有的铁甲军团，在隋代仍然保持着，人披铠甲，马穿具装铠的铁甲军团，站列在军阵最前面，铠甲、具装铠将人与马包裹得严严实实，只留出眼睛部位的一道缝隙。两军对垒中的陈军将士明白，铁甲军团是隋军的开路先锋，由他们来冲击步兵，那是所向披靡，锐不可当。陈军将士看得发怵，有的士兵，腿肚子已经打颤。

探马向建康城传来紧急军情：隋军已经到达六合，大有一举攻克建康城之势。这时后主慌了手脚，赶紧召集大臣退敌。《资治通鉴》记载，后主下诏说：“犬羊陵纵，侵窃郊畿，蜂虿有毒，宜时扫定。朕当亲御六师，廓清八表，内外并可戒严。”他以骠骑将军萧摩诃、护军将军樊毅、中领军鲁广达并为都督，司空司马消难、湘州刺史施文庆并为大监军，分兵扼守要害；又命大将樊猛率师出白下（今南京幕府山南麓，北临长江），皋文奏镇守南豫州（今安徽宣城），同时大肆扩兵，连僧尼道士也悉数征召入伍。而隋兵一鼓作气，以秋风扫落叶之势攻下京口（今镇江）。隋军军纪严明，秋毫无犯，深得人心。

与此同时，隋军大将韩擒虎统领右翼军队出庐山，紧逼横江（今安徽和县东南）。他亲率500名精锐士卒从横江渡口夜渡长江，袭击采石（今安徽马鞍山西南），守城的陈军喝醉之际，被轻松拿下。又攻克姑孰（今安徽当涂），然后夺取了新林（今南京西南）。这500精锐将士为了行动便捷，没有穿披挂整齐的铠甲，那戎服太沉，一套四五十斤重。在隋军的军戎之服中，也有轻便的作训服（只是那时没这个名称），身穿袍服，以皮革制成的软甲，只在胸部等重要部位遮挡，可以抵挡匕首等短兵器冲击。头上戴的是折上巾，脑后垂下一段飘带。夜色笼罩下，韩擒虎这批将士的服色与款式无法辨别，等到天明时，隋代将士戎服的服色呈现在世人面前，没想到色调竟然很丰富。服色与官职高低有关，《隋书·礼仪志》记载：“贵贱异等，杂用五色。五品以上，通着紫袍；六品以下，兼用绯绿，胥官吏以青，庶民以白，屠商以皂，士卒以黄。”这种规定是隋炀帝大业六年（610年）的规定，在隋文帝年间，虽无这样严格，但是大体还是接近的。

隋军来势凶猛，奇兵突袭，陈军畏惧，镇东大将军任忠，以及陈军将领樊巡、鲁世真、田瑞等相继投降。随后杨广派遣行军总管杜颜与韩擒虎会合，步兵和骑兵达2万人，直逼建康城。这时，陈叔宝派领军蔡征镇守朱雀航，听说韩擒虎将到，众士兵惧怕韩擒虎，闻风而逃，陈军溃不成军。韩擒虎只带着500精骑，由任忠直引入朱雀门，攻占台城，陈后主陈叔宝与宠妃张丽华、孔贵嫔躲在胭脂井中，被隋兵擒获，后人称此井为辱井，故址在今南京市玄武湖侧。韩擒虎将张丽华、施文庆、沈客卿、阳慧朗、暨慧景等人枭首于市。陈朝宣告覆亡，隋文帝终于统一了全国。

百战沙场碎铁衣

唐代是一个开放的也是战争频繁的朝代。唐高祖李渊统一了中国版图，但是大唐初定，边塞未稳，边疆地区仍然兵戈未息。唐高祖起兵时曾经向势力强大的突厥低头称臣，唐高祖和太宗都深以为耻。

唐代诗歌中有田园诗派与边塞诗派。边塞诗描写边塞风光的壮阔，战争的残酷悲凉，以其雄浑、磅礴、豪放、浪漫、悲壮、瑰丽的风格感染读者。“战士军前半生死”、“黄金百战穿金甲”、“孤城落日斗兵稀”都是感人至深的诗句。“弯弯月出挂城头，城头月出照凉州。凉州七城十万家，胡人半解弹琵琶。琵琶一曲肠堪断，风萧萧兮夜漫漫。”（岑参《凉州馆中与诸判官夜集》）“秦时明月汉时关，万里长征人未还。但使龙城飞将在，不教胡马渡阴山。”（王昌龄《出塞》）不仅写出了唐代将士同仇敌忾，抗击胡人的决心，而且这些诗篇也是诗人亲历战争的写照。李白也写有《从军行》：“百战沙场碎铁衣，城南已合数重围。突营射杀呼延将，独领残兵千骑归。”铁衣就是铠甲，碎铁衣可见战事的紧张，战斗的激烈。唐代甲胄门类众多，《唐六典》记录了 13 种。明光、光要、细鳞、山文、乌锤、白布、皂绢、布背、步兵、皮甲、木甲、锁子、马甲。其中明光、光要、锁子、山文、乌锤、细鳞是铁甲。白布甲、皂绢甲、布背甲等用丝绸等布料、皮料制作，并且和具装铠用于礼仪性质的场所。

大战集中在边陲，与突厥、稽胡（匈奴别部）、吐谷浑等北方民族的战争持续不断。唐初限制人们西出阳关，也是出于安全考虑。大唐高僧玄奘西行取经没有获得朝廷的通关文书，属于私自出关，曾经受到官府的通缉。唐代初年北方由东突厥把持，陈兵以待，随时侵袭大唐；西北方中亚诸国则是西突厥一统天下，不时伺机侵扰。吐谷浑、党项频繁侵袭唐代边境，高昌攻击焉耆，吐蕃进攻松州（今四川松潘），龟兹攻掠领境，让大唐政权感到压力很大。

在唐朝的统一战争中，南京也曾作为战场。隋末，农民起义军杜伏威占据江淮地区，南京在其中。武德五年（622 年）杜伏威降唐，江淮地区纳入大唐版图。但是次年七月，杜伏威旧部辅公祏在丹阳（今南京）称帝，国号宋，宣告反唐。唐高祖李渊岂能容忍江南地区造反！他兵出四道，由李孝恭、李靖、黄君汉、李世勣率领，围剿辅公祏。兵来将挡，水来土遁，辅公祏不甘示弱，也派出四路兵马对抗。

隋唐铠甲穿戴展示图（引自《中国历代服饰》）

两军在博望（今当涂西南江畔）、青林（今当涂东南）对垒，唐军将领一般都是能征善战的猛将，而李靖更是足智多谋。从辅军阵营远远望去，唐军摆开了阵势，唐军将士披着明晃晃的明光铠。帅旗下一位头戴金盔，身穿亮甲（明光铠）的将军，在排兵布阵，唐军杀气腾腾。唐军的铠甲与隋代明光铠没什么大区别，只是护项在领口处出现两个外翻的圆钩，勒甲索就套在圆钩上呈纵向束缚，向下与腿裙的束带相连。固定铠甲的束带在胸前交叉处还有一个圆环，与横直的两根束带交合在圆环上。在身甲的腹部又增加了一块圆形护甲，胸前有一块直径约 25 厘米的圆形镜，俗称护心镜。所谓镜，并非梳妆打扮用的镜子，只是明晃晃，如同镜子一般，重点保护的是胸前的心脏部位。将军们打仗时一对一厮杀，胸口与头部都是薄弱部分，头部有兜鍪（头盔）。胸前又加了一块圆形的铁板（护心镜），做成凸起圆形，一方面抗冲击力，另一方面程亮如同镜子，用炫目混乱对方的眼睛，或许就在这瞬间的炫目中，一枪就把对方挑于马下。

草莽辅公祏哪里是唐军的对手，军戎服饰的威严、军队的士气等方面，在尚未厮杀之前，已经分出了输赢。真的开打了，结果一边倒，唐军在博望、青林大败辅军。李靖部乘胜追击，追至丹阳，辅公祏弃城而逃。逃至武康（今浙江省德清县西），被乡民俘获，送至丹阳被杀。至此江南平定。

唐代诗人李贺有首诗《雁门太守行》：“黑云压城城欲摧，甲光向日金鳞开。角声满天秋色里，塞上燕脂凝夜紫。半卷红旗临易水，霜重鼓寒声不起。报君黄金台上意，提携玉龙为君死！”写的是北方地区的战斗场面，“甲光向日金鳞开”一句描写的是将士们铠甲在太阳照射下发出的金属光泽，把这句用在南京大战中也是适当的，明光铠、护心镜闪闪发光，杀气逼人。如果李贺此时来到博望、青林观战，看到唐军骁勇善战的将士积极推进，兵临丹阳城下，他肯定会再写一首诗《丹阳将士行》，大加赞美。

步兵甲重叠不留空隙

唐代除了明光铠之外，还有步兵甲。步兵甲腿裙部位较长，一般不开衩。也有开衩的腿裙，两片甲相交在合拢处重叠，不留空隙。

唐代铠甲制作技术很先进，体现在两个方面，制作铠甲的材质过硬；制作铠甲精致，不仅美观而且实用。鱼鳞状的铁甲，铁甲小，数量多，将士穿戴时手臂、腿脚的灵活性增加，便于厮杀时保护自己。

甲片以麻绳、皮线或金属铆钉连接，用皮革、绢帛包裹成上下两层，各部分的边缘用织锦包边，甚至还有在包边处镶缀虎、豹、熊等毛皮，或用锦缎打褶做装饰。唐代铠甲中有绢甲、木甲、纸甲，即以绢、木材、纸张制作的铠甲，木甲外包皮革。这三种甲都是实用甲，前者在战斗中可以使用，后两种用于礼仪活动，又称礼仪甲。这里需要说明三点：第一，木甲、纸甲并非伪劣产品，不只是表演的礼仪甲，而是有实用价值的铠甲，只是抗冲击力、砍杀力，要弱于铁质铠甲。第二，绵甲的强度并非不堪一击，小规模战斗、出奇兵的偷袭活动中普遍使用。第三，纸甲等礼仪甲主要在皇帝检阅军队等礼仪活动中使用，笔者以为属于皇家仪仗队的专用礼仪戎服。一般将领检阅部队用不到。

平民服饰：绣腰襦紫绮裘

隋唐时期是中国历史变革时期，民族的大融合，为文化的融合创造了外部的条件。隋唐时期服饰的变化，受多种因素的影响，首先来源于少数民族的影响。

唐代国力强盛，对周边国家影响巨大。唐代首都长安地处陕西，经过丝绸之路，万邦朝贺。许多国家的使臣、留学生和艺人纷纷涌向唐朝，进贡、沟通、留学、交流、谋生等。唐代流寓在长安的胡人、西域人有数千之多，胡服、胡妆，为一时之盛，时人趋之若鹜。唐人元稹感慨："自从胡骑起烟尘，毛毳腥膻满咸洛。女为胡妇学胡装，伎进胡音务胡乐。"唐代盛行的新装、时装不少是西北少数民族或中亚各国乃至波斯的式样，唐代通称"胡服"，以服贴、紧身、风格开放著称。

宽松、开放的氛围对于封建社会的妇女来说尤为难得，唐代前所未有的开放意识、包容性，为封建社会后期女性所不及。唐人信仰比较自由，唐代妇女地位较高，妇女所受的封建礼教束缚比较少，妇女生活在宽松的环境中，思想言行活动都比较自由，经常在社会上抛头露面。换言之，唐代妇女社会交际广泛，社交活动多，她们需要讲究穿衣打扮，也更加注意着装艺术。

绣腰襦自生光

上古至秦汉魏晋时期，襦也是女性的一种主要服饰。《礼记·内则》记载："十年出就外傅，居宿于外，学书计，衣不帛襦袴。"襦是一种短衣，长度一般仅至腰间，故有腰襦之称。刘熙《释名·释衣服》记载："腰襦，形如襦，其腰上翘，下腰齐也。"汉乐府《古诗为焦仲卿妻作》有云："妾有绣腰襦，葳蕤自生光。"所谓"绣腰襦"就是有织绣的腰襦。晋代《采桑度》诗云："春月采桑时，林下与欢俱。养蚕不满百，那得罗绣襦。"里面都说到襦，在其他古诗中还有縠襦、紫绮襦、织成襦、红锦襦、合欢襦等名称，可见襦在女性服饰中的普遍性。

汉代妇女日常之服，则为上衣下裳。《西京杂记》记载，赵飞燕为皇后时，她妹妹献给她的礼物有“织成上襦，织成下裳”。后汉繁钦《定情诗》云：“何以答欢悦，纨素三条裙。”说明汉代女性以裙为日常之服。据周汛、高春明两位专家考证，汉代女性的襦裙，裙子大多以四幅素绢连接拼合而成，上窄下宽，不施边缘，名叫“无缘裙”。在裙腰的两端缝有绢条，以便系结。

隋唐大袖对襟纱罗衫长裙披帛穿戴展示图（引自《中国历代服饰》）

魏晋时期女性的穿着有襦，也有裙，上身襦与下体配长裙，有“上襦下裙”之说。上下相连，腰间系带，襦与裙搭配在一起，也称襦裙（后世也有襦裙，与此时的襦裙有所不同）。汉魏时期的襦，多采用大襟，衣襟右掩，袖子窄宽之分，以窄袖为主。

隋唐时期的襦裙与汉代有所不同。多采用对襟，衣襟敞开，不用纽扣，下摆束于裙内。袖子的长度通常到手腕部，也有袖长超过手腕。唐人周昉《纨扇仕女图》中就画了穿窄袖短襦的女性形象，我们也可以通过唐人绘画，一睹窄袖短襦的形制。

唐代前期妇女服装，主要有裙、衫、帔子三种，下身束裙。上穿小袖短襦，下着紧身长裙，裙腰束至腋下，中用绸带系之。以后数百年间，虽屡经变化，但始终保持这个基本样式。裙之色彩非常丰富，以艳丽色调为主，有红、紫、黄、绿等色，其中红色裙最为人们推崇。

红裙妒杀石榴花

地处江南的南京，虽然已经划归大唐王朝的版图，但是社会风俗并没有像大唐首都长安那么“胡化”，开元天宝以前，武则天时代，女性服饰中流行“胡服”，《新唐书·五行志》称：“天宝初，贵族及士民

戴敦邦绘《李白金陵酒肆留别图》

好为胡服胡帽，妇人则簪步摇钗，衿袖窄小。”南京与大唐都会长安相隔千里，受江南文化熏陶，流行的是江南风。因此，在南京地区鲜有胡服，仍然保持中原汉民族的服饰风格。

诗人李白一生来南京四次，在南京期间写诗70余首。开元十四年（726年），李白首次来到南京壮游，逗留长干里，写下脍炙人口的“两小无嫌猜”（《长干行》）；登临西楼，在金陵酒肆畅饮金陵春酒。酒肆的吴姬身着襦裙，下束石榴红裙，满面春风，殷勤招待。三五杯酒下肚，李白诗情勃发，在他朦胧的眼里，吴姬的红裙艳丽，仿佛石榴花盛开。大唐女子的裙子色彩艳丽，有黄色、绿色、紫色、红色，其中以石榴花染色的红裙最为流行。吴姬的红裙，把诗人撩拨得意乱情迷。

“风吹柳花满店香，吴姬压酒劝客尝。金陵子弟来相送，欲行不行各尽觞。请君试问东流水，别意与之谁短长？”这首诗大意为：春风吹拂柳絮满店飘酒香，招待客人的侍女吴姬捧出美酒请客人品尝。金陵的朋友们纷纷来相送，主客畅饮频频举杯共尽觞。请你们问问这东流的江水，离情别意与它比，谁短谁长？

吴姬压酒各尽觞，李白斗酒诗百篇，自以为好酒量的李太白也禁不住吴姬的频繁斟酒，几杯金陵酒下肚，脸色泛红舌头变直，眼前晃动的是红艳吴姬，还是石榴红裙？诗仙也朦胧了。

吴姬的穿戴属于较为开放的，低胸装的襦裙围裹披帛。这是唐代女性典型的服饰。

隋唐袒领半臂襦裙穿戴展示图（引自《中国历代服饰》）

唐人的裙，为束胸、曳地大幅长裙，领口之低、胸部之袒露，实为当今妇女常服所不及。但是唐代女性袒露服饰，也是在特定场合下穿戴的，例如在宫廷、闺房，并不是走在大街小巷都穿着袒胸装、透视装，毕竟唐代社会仍然处在中国封建社会的一个顶峰阶段，汉民族的礼仪、制度对服饰仍然具有约束作用。

我们今天看到的反映唐代女性开放服饰的绘画《簪花仕女图》《虢国夫人游春图》，其实所反映的还是特定的环境——宫廷。即便是宫中贵妃、夫人游春，也依然是经过净场的出行，不会与社会民众混杂。而且，这些绘画是由宫廷御用画家所画，表现的是形式，并不一定写实，其中有艺术加工的成分。生活中贵妇人出行的服饰，自然要端正、庄严、华贵，又岂能在大庭广众之下，展露肌肤？艺术所表现的意境，与现实的真实，并不完全是一一对应的。贵妇、宫女确实会有袒胸的服饰，但是并不一定要在踏青郊游时穿戴。同样，在唐诗中有若干记录女性服饰袒露、裸露的诗句，以笔者陋见，也是在特定场合下针对特定人物的艺术描述。

让唐代女性穿上挤胸装，招摇过市，首先出现于张艺谋的电影《满城尽带黄金甲》，实乃臆造出来的服饰，并不是历史上的唐代服饰。电影出于票房的考虑，突出女性“事业线”，以乳沟来夺观众的眼球。但是他们的臆造，却让后人误解了唐代服饰，误读了唐代文化，似乎唐代的女性，个个都是丰乳肥臀的风流艳妇，唐代社会以风骚为风情，以艳丽为社会时尚。

穿越时空，跨越地理，如果我们此时走在长安大街上，会看到满眼异域风情，因为唐代的长安，俨然是国际大都市，穿胡服的女子随处可见，走近一看，却是黑头发、黄皮肤、黑眼睛的汉族女性。而那些穿着纯粹中原服饰的，或许是一位是金发碧眼卷头发的异族女性。中原与西域的服饰，以及胡服，在长安已经混搭。但是，南京大街小巷上仍然是中原服饰的流行色、流行款，南京尚未被“胡风、胡俗、胡人”包围。江南的秀色，女子妩媚，男子直率，仍然没有改变颜色。

酒肆是特殊的行业，开放又热情的吴姬，胸前“粉胸半掩凝晴雪”，既有唐代女性服饰开放特点，又符合酒肆服务行业的职业特点。裸露而不色情，半掩粉胸迸发的是唐代女性肌肤的健康色，以丰腴为美的时代审美倾向。

半臂是隋唐时期的时尚之服，从汉代女性服饰中的半袖演变而来。《事物纪原》记载：“隋大业中，内官多服半臂，除即长袖也。唐高祖减其袖，谓之半臂。”半臂，对襟或套头，无领或翻领，短袖的外衣，特点是长袖齐肘，长及腰间。初唐时为宫中女侍之服，穿之以便劳作。初唐晚期流行于民间，成为一种常服，男女均可穿着。这种来源于汉人的服饰，不仅在长安可以看到，中原地区也很流行，几乎是酒肆隋唐女性的代表性服饰，并且一直传至宋、元、辽、金、明、清，可见其影响之大。

与半臂配套的是披帛。披帛的原型当为披肩，披肩原本是搭在肩部的配套服饰，在一块方形或菱形或圆形的布帛上裁出一个领口，系于颈部，披及肩部。其历史可以追溯到战国时期，先秦时期称为方领。披肩披及肩部，到了后来，披的长度逐渐扩大，不局限于领、肩部位，秦汉时期主要流行与宫廷，多用于嫔妃、歌姬与舞女。披帛名称在唐初叫披巾、帔子，其五彩斑斓的称为霞帔，晚唐时期称帛巾为披帛。五代马缟《中华古今注》记载：“（女人披帛）古无其制。开元中诏令二十七世妇及宝林、御女、良人等，寻常宴参侍令，披画披帛，至今然矣。至端午日，宫人相传谓之奉圣巾，亦曰续寿巾、续圣巾。”披帛在唐代已经传至民间，也最为流行，其长度可达 2 米，成为一条狭长的帛巾。女性披于两肩，缠绕于两臂，否则长度太长，会垂于地上。披帛是一种外穿的服饰，与其他服饰搭配。

唐代披帛形制上分为两种：一种布幅较宽，长度较短，使用时披在肩部，形似披肩。另一种布幅较窄，长度较长，使用时，披于肩部，而缠绕于两臂，走起路来，身后仿佛拖着两条飘带，摇曳生姿。前者的形象见陕西乾县永泰公主墓中壁画，后者见周昉《簪花仕女图》《纨扇仕女图》中形象，五代顾闳中《韩熙载夜宴图》中披帛也属于后者。

金陵酒肆的吴姬，是善于营销的高手，把李白这样的前翰林供奉灌得微醺，又是懂得美学搭配的服饰达人，服饰的艳丽衬映她的美艳。襦裙、半臂、披帛在她身上交换更替，一方面可能是酒客的醉意，泼出的酒水弄湿了襦裙，满身酒气对客人不礼貌；另一方面，她是一位爱美懂美的女人，她要将最光彩的一面留给为她点赞的客人。她必须保持自己的职业姿色与美感。

紫绮裘换饮金陵酒

被美色吴姬、艳丽红裙所迷惑，诗仙李白在金陵酒肆留下了一段风流佳话。

天宝七年（748 年），李白第二次来到南京，游山玩水，登临凤凰台，歌吹孙楚楼，没有公务羁绊的李白，潇洒地在金陵居住、游玩，到天宝九年，大部分时间住在南京，写下了著名诗篇《登金陵凤凰台》《登金陵冶城西北谢安墩》。天宝十三年春天，李白第三次游南京，这次与友人魏颢结伴，居住了大半年，秋风落白门之时才离开金陵。上元二年（761 年），李白最后一次来到南京。

潇洒的李白，在南京期间，饮酒是必然的，谢公墩、白鹭洲都留下他的足迹，凤凰台、孙楚楼留下了他饮酒的狂欢。他嗜酒如命，酒也是激发他创作灵感的“妙药”。想当年在长安，作为皇帝身边的翰林供奉，他尚且敢让高力士脱靴，“天子呼来不上船，自称臣是酒中仙”。在金陵，李白继续展示出豪放的性格。寒冷的季节，李白乘坐的船在江上航行，他穿着紫绮裘皮衣，站立在船头，任凭凛冽的寒风在身边呼啸而过，欣赏着两岸美景，饮酒吟诗。船行至落星石，遇到一位隐士，两人邀船而过，饮酒畅谈。很快酒壶见底了，两人没有尽欢。李白手边没有现金，于是脱下紫色的裘皮大衣，让船家上岸当掉，换酒来。“共语一执手，留连夜将久。解我紫绮裘，且换金陵酒。酒来笑复歌，兴酣乐事多”（《金陵江上遇蓬池隐者》）。酒逢知己千杯少，人生得意须尽欢。紫绮裘对他而言就是一件衣服，哪里抵得上朋友的友情？李白用裘换酒并非孤立事件，手头拮据时，他时常以“衣”换“酒”，对酒当歌。“五花马，千金裘。呼儿将出换美酒，与尔同销万古愁”。

等到晚唐时期，杜牧夜游十里秦淮，感受到纸醉金迷的颓废气息，虽然他没有用“紫绮裘”换酒喝，他的家世、经历、仕途都与李白不同，性格也有差异，他不会像李白那样潇洒“以衣当酒，对酒当歌”，他听到却是陈后主的靡靡之音：“烟笼寒水月笼沙，夜泊秦淮近酒家。商女不知亡国恨，隔江犹唱后庭花。”

杜牧的帽子

杜牧是宰相杜佑的孙子，唐文宗大和二年（828年）26岁时中进士，授弘文馆校书郎。来南京时杜牧有官员身份，但是他来南京并不是公务，没有穿官服，而是穿圆领袍衫，戴幞头（与宋代两脚幞头不一样）。唐代男子服饰主要有幞头、纱帽、圆领袍衫。圆领袍衫是隋唐时期男子的主要服饰，除祭祀典礼之外，平常均可穿用。圆领袍衫的服色是深色，不是白色，也不是红色、绯色、绿色。唐代官服实施品官制度，官袍的颜色与官职高低挂钩，平民服饰或官员微服时的袍色不能与官服相同。白色是平民袍服的服色，士人还没有进入仕途时，只能穿白袍。《唐音癸签》云：“举子麻衣通刺称乡贡。”麻衣就是白衣。以笔者的理解，白衣在于说明没有功名，白纸一张。唐代庶民的服色也用白色。唐规定流外官庶人、部曲、奴婢，服䌷、絁、布，色用黄、白，庶人服白，但不禁服黄，后因洛阳尉柳延服黄衣夜行，为部人所殴，故一律不得服黄。”因此，杜牧的服色也不是白色，而是灰色、棕色、蓝色等深色的服色。

异彩奇文相隐映

唐代纺织业、手工业非常发达，工艺品日益精巧，服饰方面已经可以生产出“千百种色彩华美花纹细致的绫罗锦縠、毛织物和百十种植物纤维加工的精致丝织品”。涌现出一批纺织新品。纱、罗制作的轻、薄，色彩艳丽，被大量地运用到服饰设计、裁剪中。唐人的帔子通常“用薄质纱罗做成，上面或印花，或加泥金银绘画”（沈从文《中国古代服饰研究（增订本）》）。

唐代手工业分为官营、私营两种，官营产品供宫中和朝廷使用，私营供商贾贩卖致富。宫中掌管纺织业务的有纺染署、少府监，纺染署掌皇室及群臣的纺织品，已经能生产色彩绮丽的瑞锦、宫绫。少府监掌管织纴，生产的百鸟毛裙，正看是一色，倒看是一色，白昼看是一色，灯影下看是一色，百鸟形状，都显现在裙子上。民间的纺织行当就更为发达了。唐代劳动妇女几乎没有不从事织纴的。民间的生产水准也非常高，有了一些特技，显示出民间卓越的创造力。唐代服饰的五颜六色，非常漂亮，皇亲国戚、达官贵人可以穿红披绿，招摇过市，但是如此丰富颜色的服饰并不是什么人都可以穿戴的。从事体力工作的老百姓的地位比尚未取得功名的士人还低，在服饰上的限制就更多，不仅仅表现在服色上，衣裳的式样、面料也有严格的法律规定。平民、农民不能穿红着绿，只能穿本色麻布衣。穿衣只能穿缺胯四褛衫，即两旁开衩较高的衫子，以区别于其他阶层。《新唐书・车服志》云：“士人以棠苧（麻布）襕衫为上服，贵女功之始……士服短褐，庶人以白。中书令马周上议：‘礼无服衫之文，三代之制有深衣。请加襕、袖、褾（袖子的前端）、襈，为士人上服。开骻者名曰缺骻衫，庶人服之。”所谓缺骻衫，也就是普通劳动者所穿的衫子，和士人有所不同，形制较短小，长不过膝，并正在骻部前后或两侧各开一衩，以便于劳作。

南京的纺织业从三国时期兴起，南朝时已经很繁荣，南朝宋的亲蚕宫大致位置在今天的玄武湖东北岸南京林业大学或蒋王庙一带。从唐代起始，我国丝织生产已遍及长江中下游地区，《新唐书・地理志》所记全国各地道州贡赋的物产，丝织品出产最多的地区就有江南道（今江苏、浙江）各州，可见南京地区的纺织业是有基础的。

南唐服饰：长袍轻纱帽

唐末天下大乱，藩镇割据混战。黄河流域势力最大的是河东节度使李克用、汴宋节度使朱全忠（即朱温）。唐僖宗还京时，唐王朝能够控制的地区只有河西、山南、剑南、岭南诸道数十州，其余各地的藩镇各自擅兵，相互争斗、兼并。

南唐立国疆土最大

唐天复四年，朱温（朱全忠）杀唐昭宗，立李柷为太子，继位后为哀宗，改元天祐。天祐四年（907年），朱温逼唐哀宗禅让于己，改国号梁（史称后梁），改元开平，建都于开封，朱温为梁太祖。唐朝灭亡。

唐朝灭亡后，在中原地区相继出现了五个朝代和割据西蜀、江南、岭南和河东的十个政权，合称五代十国。五代是后梁、后唐、后晋、后汉、后周，十国是前蜀、后蜀、吴、南唐、吴越、闽、楚、南汉、南平（荆南）和北汉。十国与五代并存，但各国存在时间长短不一，如吴越，割据于唐亡以前，直到五代结束后才为北宋所灭。疆土则南平最小，南唐最大。

江南藩镇以杨行密掌握的淮南节镇最具实力，统辖淮南二十八州。杨行密天复二年（902年）受封为吴王，都广陵（今江苏扬州）。在其子杨渥嗣权位后，政治混乱，人心不稳。大将徐温通过权力斗争逐渐独掌大权达20年之久。其间杨氏虽立国称王，史称杨吴，但不过是徐温的傀儡。

五代十国时期，杨吴在金陵设昇州大都督府，又分设上元、江宁二县，旋改昇州大都督府为金陵府，并定为西都。南唐建国后定都金陵，改金陵府为江宁府，辖上元、江宁、溧水等县，并曾在六合设置雄州。五代十国时期，吴王杨隆演公元915年建昇州城，917年分上元另置江宁县。自此上元、江宁两县以秦淮河为界，同城而治。秦淮河以北为上元、秦淮河以南为江宁。

后梁贞明四年（918年）起，徐温养子徐知诰开始掌管杨氏政权，选用人才，作了一些改革，收取人心，有步骤地取代杨氏。927年，徐温去世，其养子徐知诰继其位，以大丞相、齐王身份掌握杨吴实权。同年，扶吴主杨溥称帝，但实权仍在徐知诰手中。徐知诰一方面对杨氏旧臣竭力怀柔，“高位重爵，推与宿旧”。另一方面则积极培植自己的势力，大力招徕、奖拔北来士人。日后南唐政权中著名的北方人士如韩熙载、常梦锡、马仁裕、王彦铸、高越、高远、江文蔚等，都是在此时聚集于徐氏身边。另外，江南一带的著名人士如宋齐丘、陈觉、查文徽、冯延巳、冯延鲁、边镐、游简言、何敬涂等，此时也由徐知诰提拔起来。公元937年徐知诰废吴帝杨溥，自称皇帝，国号大齐，年号昇元。次年，改姓名为李昪，改国号为唐，史称南唐。

南唐，属于五代十国中的十国之一，定都金陵（今江苏南京），历时39年，传三主，有烈祖李昪、中主李璟和后主李煜三位帝王。南唐一朝，在五代十国中是疆土最大的，最盛时疆域35州，地跨今江西全省及安徽、江苏、福建和湖北、湖南等省的一部分，成为南方大国。南唐三世，经济发达，文化繁荣，使得江淮地区在五代乱世中“频年丰稔，兵食有余”，为中国南方的经济开发做出了重大贡献。南唐也因此成为中国历史上重要的割据政权之一。

南唐重视文化，中主李璟在宫廷设立翰林图画院，吸引各地画家来到南唐，其中著名画家有曹仲玄、周文矩、顾闳中、王齐翰、董源、卫贤、高太冲、朱澄等。周文矩有一幅《重屏会棋图》，绘的是中主李璟与其弟景遂、景达、景逖下棋的情景。李璟与三位皇弟，皆穿长袍，戴幞头。李璟正视前方，若有所思。对弈者景达、景逖侧身或半侧身，对弈正酣，景遂在左边观战，手臂搭在兄弟肩上。皇兄皇弟四人

南唐周文矩《重屏会棋图》（局部）

戴幞头，穿袍服，袍子服色有所不同，身份、品级决定了服色的不同。

南唐二陵出土服饰俑

南唐最盛时的疆土在十国中最大，版图跨越江苏、江西、安徽、湖南、湖北、福建，包含吴文化、湘文化、楚文化、徽文化与闽文化。其服饰也涉及闽南风情、湘水风尚、楚韵汉风。

南唐服饰制度上沿袭唐制。服饰一般来说十年间会有明显变化，短期并不明显。

距离南京中华门外22公里的祖堂山南唐二陵是烈祖李昪钦陵与中主李璟顺陵，在其墓葬考古中，出土了大量男女陶俑，《南唐二陵发掘报告》据其姿势分为三类：拱立俑、持物俑和舞蹈俑（包括伶人俑）。通过陶俑可以概括南唐服饰的特点。

衣服分四种：第一种方领长袍，右衽，衣袖宽大，内衬窄袖，胸前有下垂的长带，衣带宽大，广袖内露出窄袖。第二种圆领长袍，右衽，胸前有束带，腰下左右开衩，露出内衣的衣角和靴子的侧面。第三种战袍，全身披铠甲，流苏下垂，至脚部。第四种舞衣，分袒胸露腹的翻领舞衣与圆领舞衣两款，长不过膝，长衣袖，腰间有束带，腰下左右开衩，露出里面的内衣。

南唐女俑

帽子有六种：道冠帽、莲瓣帽、方形帽、幞头帽、风帽、甲胄帽。

道冠帽是一种斜顶椭圆形高帽，四周有直条纹，类似道冠。莲瓣帽造型为圆形，帽檐四周用莲花瓣为饰，帽前后有小孔用来插簪。方形帽为罩在发髻上略呈方形的小帽，帽的前后小孔用于插簪，两侧有系带，系在颔下。幞头帽也是圆形，前低后高，帽的前后层之间有帽结。风帽系冬天所用，带有披子，帽上有罩额，下缘披到两肩和后背上。甲胄帽系军戎服饰，即有护耳的半椭圆形的盔甲状帽子。

南唐的发型也有特点，流行高髻，源自宫中，传至民间。宋人陆游《南唐书》记载：“后主昭惠后周氏……创为高髻纤裳及首翘鬓朵之妆，人皆效之。”《十国宫词》有“纤裳高髻淡蛾眉”，说的就是高髻，以及南唐女性纤细腰身的裙子，与前代裙子宽大形成对比风格。

南唐二陵出土的女俑也佐证了南唐流行高髻风尚，女俑梳高髻，前面高耸，后面结成长圆形拖于头后，两侧帖鬓发，下垂过耳。鬓发上和发髻两侧有孔，用于插珠翠花钿等饰物。个别梳着单髻或双发髻。南唐后主李煜有词说道：“一钩初月临妆镜，蝉鬓凤钗慵不整”，“自从双鬓斑斑白，不学安仁却自惊”。词中的双鬓、蝉鬓都是南唐的发髻。

南唐的女性服饰呈现开放的特点，继承了唐代崇尚的“薄、透、露”的风尚。李昪钦陵的女俑穿广袖直衿外衣，胸前露出抹胸，袒露颈下和前胸一部分，下着曳地的长裙。李璟顺陵的女俑也有同样的衣饰，双手包在袖内，拱于胸前。对于内衣抹胸，南唐是推崇的，李煜词中就有“双鬟不整云憔悴，泪沾红抹胸”之句。

南唐女服还有很时髦的装饰。身上的衣，内有窄袖，外有广袖，衣袖腕部加以荷叶边状的华袂；曳地长裙附着宽而饰有边饰的长带；衣服外加披云肩，肩部有镂空的云钩纹，领缘呈锯齿状；云肩之下，系一围腰，下襟作圆形或略带圆角，双带飘垂其上，脚部露出尖而翘的鞋头。出土的女俑虽然无法看出原有的艳丽色彩，但是我们发挥想象，配以色彩，可以勾画出一幅美不胜收的南唐女性服饰图。

韩熙载夜宴服饰

南唐二陵出土了很多陶俑，但是服饰实物并没有什么。大词人李煜的词中，对服饰的描述，远比陵寝出土的陶俑服饰要生动得多。

“云一緺（涡），玉一梭，澹澹衫儿薄薄罗，轻颦双黛螺。秋风多，雨相和，帘外芭蕉三两窠，夜长人奈何！”（《长相思》）

有一幅名画记录了士大夫沉醉酒色的浮华生活以及南唐服饰的奢华。唐代末年平卢节度使霍彦威进驻青州，派兵追赶老臣，韩熙载父亲韩光嗣也在其中，韩熙载被迫逃离中原，逃入吴国境内。在吴国执掌大权的徐知诰（南唐烈祖李昪）手下做事，但是并没有得到重用，充任滁、和、常三州从事。陆游《南唐书·韩熙载传》说韩熙载“年少，放荡不守名检”。公元937年，李昪完成了禅代，正式建国称帝，才把韩熙载从外州召回南唐都城金陵，授职秘书郎，掌太子东宫文翰。

公元943年，先主李昪驾崩，太子李璟即位，韩熙载得到重用，以积极的姿态参与朝政。然而，韩熙载有才华，行事不拘小节，却不是善于逢迎之人，凡事不可能处处让李璟满意。在朝廷权力博弈中，韩熙载弹劾宋齐丘、冯延巳，得罪了权贵。后被权贵诬告，韩熙载遭贬官。在外州数年后，他才得以调回金陵，升迁为中书舍人、户部侍郎。

后主李煜继位后，韩熙载为吏部侍郎，兼修国史。但是韩熙载性格狂傲，得罪了很多权贵。韩熙载多次言辞抵触后主嫔妃，后主并未怪罪，反而擢升他为中书侍郎，充光政殿学士承旨。后主器重韩熙载甚至想拜他为相。但是韩熙载家富于财，却行为放纵，蓄养伎乐，广招宾客，宴

南唐顾闳中《韩熙载夜宴图》（局部）

饮歌舞。韩熙载为什么会这样？后主不放心，想知道其中原因，派宫中画师顾闳中，潜入韩熙载宅院，窥视韩熙载为什么纵情声色，是否堪当重任。《五代史补》记录了另外一种说法，韩熙载晚年生活荒纵，每当宾客请谒，先让女仆与之相见，或调戏，或殴击，或加以争夺靴笏，无不曲尽，然后韩熙载才缓步而出，习以为常。同时还有医人及烧炼僧数人，每次来无不升堂入室，与女仆等杂处。

《宣和画谱》卷 7 记载："顾闳中，江南人也，事伪主李氏为待诏，善画，独见于人物。是时中书舍人韩熙载以贵游世胄，多好声伎，专为夜饮，虽宾客糅杂，欢呼狂逸，不复拘制。李氏惜其才，置而不问，声传中外。颇闻其荒诞，然欲见樽俎灯烛间觥筹交错之态度不可得，乃命闳中夜至其第窃窥之，目识心记，图绘以上之，故世有《韩熙载夜宴图》。李氏虽僭伪一方，亦复有君臣上下矣，至于写臣下私亵以观，则泰至多奇乐，如张敞所谓不特画眉之说，已自失体，又何必令传于世哉！一阅而弃之可也。"不管传闻如何，韩熙载纵情酒色，笙箫歌舞，确有其事。顾闳中在韩宅夜宴上，细心观察，把场景烂熟于心，回来后，尽抒笔端，画成一幅传世名画《韩熙载夜宴图》，此画现存故宫博物院。

某晚，韩熙载宅院灯火透亮，人声鼎沸，管乐声声。韩熙载的私人宴会就这样拉开了序幕。今天这场，来了 19 个男人，其中还有一位不甘寂寞的和尚，25 个美女，吹笛、弹奏琵琶，陪着大爷们取乐。姿色傲然的靓女，才艺了得，态度殷勤，哪位是韩熙载雇来招待客人过夜的妓女，哪位是韩熙载府邸的女仆或者是韩大人的小妾，混杂在一起，难以分辨。酒至微醺，醉意朦胧，歌舞升平，甚是热闹。弹奏乐器的，端着食盘的，坐在男人旁边聊天的，也似乎在等待命令，进入下一次演出。有两处撩起来的帘子后面摆着床，露出弄皱的被褥。另一处，一个男人用胳膊拥着一个女人好像在劝她跟自己到什么地方去。（伊沛霞《内闱》）图中女子梳高髻，着直领窄袖上衣，束长裙，裙带较纤长，裙子已不束至胸间，较唐代束之在胸部已有所降低，整体腰身比较瘦长。唐代女子太肥美，南唐女子体态则趋向瘦长。《画鉴》称周昉仕女图"多秾丽丰肥，有富贵气"。唐代周昉画美女多肥，乃当时贵戚所好风尚。时代变迁，唐代的肥美时尚被摈弃，南唐风尚趋向瘦长。

顾闳中《韩熙载夜宴图》女性服饰与韩熙载戴高帽

韩大人登台亮相了，戴着高高的筒子帽，须发根根清晰。据说这是韩熙载创造的轻纱帽，人称“韩君轻格”。巾式比宋代的东坡巾要高，顶作尖锐状。宋人沈括《梦溪笔谈》称：“小面而美髯，着纱帽，此乃江南韩熙载耳。”

五代十国中以西蜀和南唐较为富庶，其服饰变化也较为显著。说明服饰受经济生活影响较大。南唐女子裙子以纤细为尚，这是变唐制而逐渐向宋代过渡的端倪。南唐不久被宋朝消灭，在两个朝代更替之时，服饰不易细分，不过在宋以后很长时间内妇女露胸服饰逐渐少见，宋代女以着长背子者为多。相比而言，南唐服饰更接近宋代风尚，或者说南唐服饰开宋代服饰之先河。

宋元篇

（公元 960 ~ 1368 年）

官服：长脚幞头质孙衣

江宁这个名称，是南京几十个名号中较为知名的一个。其名号始于西晋永嘉年间，琅邪王司马睿在此设置江宁县：“以江外无事，宁静于此，因置江宁县”（卢海鸣《南京历代名号》）。

父子两任江宁府

宋代的江宁府也有过大官坐镇，那就是北宋名相王安石，江宁府本非级别很高的府，远不能与北宋都城开封府相比，但是由于王安石知江宁府，江宁府的级别得以提升，换言之属于低职高配。

王安石与南京有缘，三度在南京生活。景祐三年（1036年）王安石的父亲王益出任江宁知府，全家随父定居江宁。宋代官服沿袭唐代，以品色区别官职高低，三品以上服紫色，四品、五品服朱色，六品、七品服绿色，八品、九品服青色，不入流的官吏服皂、白色。知府通常是四品官，一套朱色的官服，几乎是王益一年四季的主要服饰，公堂上、视察中、官员拜会，穿着官服，戴幞头是必需的。王益为官清廉，宋代官俸不厚，家里生活开支后，已所剩无几，因此王益在江宁知府任上，无力购买私宅。在江宁几年，一直住在官府安排的公房中。所穿的服饰也很简单，回到家里，这套官服被挂在衣架上，避免产生折痕，磨损官服。

王安石画像

宝元二年（1039年），王益病逝于任上，王安石葬父于南京牛首山，自此居丧守制，挂孝三年。嘉祐八年（1063年）十月王安石奔母丧回江宁，第二年服丧期满因病停留，在江宁讲学。熙宁七年（1074年）五月三日，原任礼部侍郎、平章事、监修国史的王安石被贬为吏部尚书、观文殿大学士，知江宁府。当月下旬，王安石与一家老小回到江宁府。熙宁九年十月王安石第二次罢相后，回到江宁府居住，王安石的职位由尚书左仆射、兼门下侍郎、平章事、昭文馆大学士、兼修国史降为镇南军节度使、同平章事，判江宁府。八九个月后，他连判江宁府也辞掉了，无官一身轻，寄情南京山水。

王安石在南京期间，主要是他被贬之后，有许多当朝在位的官员来探望，问寒嘘暖，讨教政治谋略；还有被贬官的朋友来拜访他，游山玩水，吟诗作乐。一时间，南京郊外钟山的道上多了一批批身着华贵服饰的官员。

知江宁府时，王安石还有吏部尚书、大学士的官衔，他的官服是紫色的，与江宁府其他官员朱色、绿色、青色、皂（黑）色或白色的服色，形成对比，可以想象一下江宁府中身着紫色袍服官员坐堂的情景。宋代官服的所有色彩，在一个地方衙门的大堂上得以呈现，前所未有。坐在大堂正中的官员，紫色袍服，幞头直脚展示，相貌堂堂，一派正气，不怒自威，那是王安石。大堂一侧端坐几位身着朱色袍服、绿色袍服的官员，静坐观望，偶尔交谈。朱色袍服是四五品官，江宁府同知州事、长史、通判；绿色袍服是六七品官，江宁府的录事、参军，江宁府下辖区县的知县。大堂下还站着几位着青色袍服的官员，那是八九品的衙门属员县丞、主簿等，堂下两侧是身着黑色制服的衙差。这是一次地方官在地方衙门的例行公事，如果不是身兼知府的官员身份特殊，曾经是朝廷的高官——相国，那也不会引起大家的关注。除了官服服色的差别，知府王安石与同知州事、长史、通判、知县的官服上规定佩戴也有细微的区别。

品官冠服

宋太祖赵匡胤发动陈桥兵变，黄袍加身，取代后周，建立宋朝。承袭唐朝，制订了上自皇帝、太子、诸王以及各级官员的服饰规定。按照服饰的不同用途，宋代官服分为祭服、朝服、公服、时服、戎服和丧服。

大唐到了安史之乱之后，开始进入衰败期。宋王朝建立后，大唐奔放、扩张、多元的风尚，被宋代内敛、保守的风尚所代替。宋代官服沿袭了唐代官服的特点，如朱衣朱裳，内穿白色罗中单，外面系大带，身上挂锦绶、玉佩、玉钏，脚蹬白绫袜黑皮履，但是在服饰上，尤其是官服上呈现谨严有序的特点。

在不同的场合与不同的活动，官服分为祭服（祭祀服）、朝服（也叫具服，朝会时服饰）、公服（又称从省服、常服）、时服（按时令穿戴）、戎服和丧服（参加丧葬礼仪服饰）。

宋代的常服沿袭唐代风格，曲领（圆领）窄袖、下裾加横襕，腰间束以革带，头上戴幞头，脚蹬黑色靴或黑色革履。宋代官服品秩的高低，那时还没有补子的概念，主要靠服色区别。三品以上用紫色，五品以上用朱色，七品以上用绿色，九品以上用青色；元丰年间服色略有更改，四品以上紫色，六品以上绯色，九品以上绿色。再就是佩戴的鱼袋，用来分别官职的高低。凡是佩戴金、银鱼袋服饰的称为章服。在宋代，官员们以赐金紫、银绯鱼袋为荣，《宋史·张说传》记载：“及入辞，赐服金紫。”所谓赐金紫，就是佩金饰的鱼袋和着紫色的公服；银绯就是佩银饰的鱼袋和绯色的公服。宋代官服制度中还有一种借紫与借绯的特殊情况，即按照官员品级，只能穿本品级的官服，够不上穿高级别的紫色公服、绯色公服，但是在外出当节镇或奉使的官职时，可借用紫色公服。

革带也是区别宋代官员品级高下的一个标识。大致上，皇帝及皇太子用玉带，大臣用金带，依次是金镀银带、银带，以及铜带、铁带、犀角带、黑玉带等。宋代官服制度规定：犀带銙只有品级官员才能使用，未入流的官吏不能使用犀带銙；玉带銙只能在穿朝服时佩戴；通犀銙需要特旨才能束用；宋太宗时以金带銙为贵。带銙的形状与雕饰也有差别：玉带銙作方形而密排者，称之为排方玉带，只限于帝王束用。太平兴国七年（982 年）规定：三品

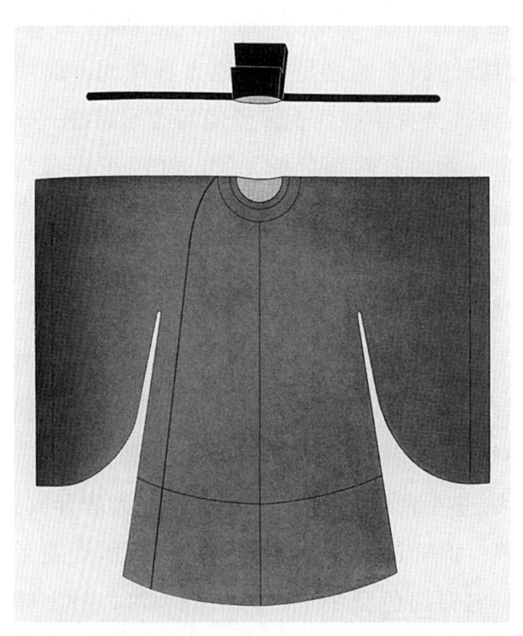

宋代大袖襴袍展脚幞头（引自《中国历代服饰》）

以上服玉带，四品以上服金带，五品、六品服银铐镀金带，七品以上未参官及内职武官服银铐带，八品、九品以上服黑银带，其他未入流的官员服黑银方团铐及犀角带，贡士及胥吏、工商、庶人服铁角带。幞头是宋代官员服饰中的代表性服饰，我们在影视剧中看到的，帽子是方正的，两边却伸出长长的直脚，那就是幞头。幞头的产生据说是为了防止官员上朝时窃窃私语，有了长长的直脚伸出来，官员们想交头接耳就无法进行了。宋代初期幞头两脚左右平直还比较短，到了中期，两脚伸展加长。两脚伸出的长度约一尺左右。幞头的适用性广泛，上自皇帝、王公贵族，中至官员，下至平民百姓，都戴幞头。幞头既是官服，也是一般服饰。

戴貂蝉笼巾宋代官员

宋代有按季节向官员赐服的惯例，每年的端午节、十月，或者遇到皇帝的五圣节，都向官员赏赐服装。赐服是一种荣誉，在封建社会，皇帝赏赐任何一种东西（服装、食物、文玩、匾额、诗文等）都是一种恩荣。宋代赐服先是针对将相、学士、禁军统领等高级官员，建隆三年（962年）恩及文武群臣、将校等品秩稍低一些的官员。所赐服装包括袍、袄、衫、袍肚（包裹腰肚服饰）、勒帛（束在外面用帛、绢做的带子）、裤等。

宋代特色幞头

宋代服饰承袭前代，意味着服饰继承的多，创新的少。但是为什么将唐代与宋代服饰放在一起，我们一眼就能分辨出来？因为宋代在继承唐代服饰的同时，也有时代的新元素注入。谨严有序是宋代官服的特色，简朴素雅是其服饰的特点。冠帽中长脚幞头的出现，成为宋代官服有别其他时代的显著特点。

幞头不是宋代才有的，北周武帝建德元年（572年）就有，以幅巾裁为四脚，加上系带，当时称四脚幞头。幞头又名折上巾，严格上说是巾，软体的巾，而不是硬体的冠。多为软巾为之，系脚下垂，是一种软体的冠帽。正是因为由巾为之，戴着舒适，方便，官员、王公，在朝会和一般活动中，都戴幞头；平民日常活动也戴幞头。幞头的使用范围很广，与官服配套是官服的首服，日常活动中就是便帽。沈括《梦溪笔谈》卷1说：“幞头一谓之‘四脚’，乃四带也，二带系脑后垂之，二带反系头上，令曲折附顶，故亦谓之‘折上巾’。唐制，唯人主得用硬脚。晚唐方镇擅命，始僭用硬脚。本朝幞头有直脚、局脚、交脚、朝天、顺风凡五等，唯直脚贵贱通服之。”宋代的幞头式样与名称，并不只有这五种，还有卷脚幞头、向后曲折幞头、牛耳幞头等，但是最有代表性的，或者说让人们一下子就识别出宋代的幞头，是直幞头。宋代幞头确实以直脚的为多。初期幞头两脚平直展开并不是很长，到了中期，两脚渐长，伸展加长。两脚由短到长，其原因在于避免官员们上朝交头接耳。

原来，上朝时群臣也有注意力不集中、交头接耳现象，影响上朝秩序和议事效率。宋代官员上朝等待休息的地方叫待漏院，本来朝堂下，休息时，大臣们交流、对话也很正常，上朝议事就要专心致志，不能一心二用。大概宋代推行崇文抑武的政策，有文采的文人的日子好过，唠嗑起来没有过瘾，上了朝堂，还在低声慢语，说个不停。声音虽然很小，但是几个，甚至十几个大臣都这样，嗡嗡低声，也让人心烦。朝堂上的气氛受到影响。为了避免群臣们交头接耳，礼仪官将幞头直脚拉长、延伸，一尺多长的幞头脚，行走时都要保持距离。倘若再不顾忌，如此两尺距离，想让对方听见，必须大声说出来，群臣都听到了，那就没有私密而言了。

元代婆焦头质孙服

元人入主中原，对汉人有过剃发的命令，要求汉人剃发作蒙古族装束。元代自成吉思汗，到庶民，头发均剃成婆焦，即头顶留三搭头，头顶四周剃去一弯头发，前发短而散垂，两旁头发绾成两发髻，垂于左右肩；或将头发编成一辫子，垂于衣背之后。

元代官制与中原不同，三公不常设，丞相的人数也不确定，官职因事设置，类似如今有什么事情要办，就设置一个领导小组及其下属的办公室，安排一些官员。因此，元代的官服不是很严格。元代官服形成于元英宗时期，参照唐宋服饰制度，制定了各级官员的服饰制度。

元文宗像

地处江南的南京，在元代成为中央政府一个行省的首府，南京距离元大都1000多公里，元代皇帝的足迹不到，但却有一位皇帝与南京有很深的渊源，即元文宗孛儿只斤·图帖睦尔，他继位前长居南京，元英宗硕德八剌时，孛儿只斤·图帖睦尔曾被流放至海南琼州，泰定帝也孙铁木耳即位后召还京，晋封怀王，出居建康、江陵等地。元文宗自幼成长于汉地，有较好的文化修养，是元朝诸帝中颇有建树的一位。他封地在江南，长时间居住在南京，南京的一些地名和寺庙均和他有关。他被拥立为皇帝时，就是从南京出发，回大都继位的。

行省置丞相一员（例不常设）、平章二员，品秩比中书省低一等，从一品；右丞、左丞、参知政事等，品秩与都省官相同。

中书省和行省以下的行政区划，依次为路、府、州、县。路设总管府，有达鲁花赤、总管，是为长官；有同知、治中、判官、推官，是为正官；还有总领六曹、职掌案牍的首领官（经历、知事、照磨）。至元十四年（1284年），元朝政府改建康宣抚司为建康路总管，统辖上元、江宁、句容三县和溧水、溧阳二州。

元代官员服饰称之为质孙衣，以衣料和色泽来区别品级高低。元代皇帝质孙服分为十一等，在南京见不到。但是从皇帝以下的王爷与一品大员的官服，还是存在的。百官的质孙服也有定色，冬服九等，夏服十四等，衣料与色彩区别官职高低。一品用紫色，大独科花纹径五寸，二品、三品、四品花纹径减差，六品、七品用绯色，八品、九品用绿罗，罗无花径。质孙衣本为戎服，便于骑射，因此形制是上衣下裳相连，衣式较紧下裳较短，腰间加襞积（衣服上的褶子），肩被挂大珠。

元代官员公服，戴展角幞头，衣料、色泽差别外，束带也有差异。正、从一品用玉带、花带或素带，二品用花犀带，三品、四品用黄金荔枝带，五品以下用乌犀带。

冠服不局限于大帽

元代王公大臣都戴大帽，即暖帽、钹笠。帽都有顶，饰有花色，以花色区别官职大小。当年元文宗在南京为怀王，也戴大帽，穿质孙衣。元代官员冠式，并不局限于大帽，也有交角幞头、凤翅幞头、花角幞头，以及学士帽、唐巾、锦帽、平巾帻、甲骑冠、抹额。其冠服大抵类似汉族的形制。仪衙服饰大抵采用唐宋的形制。换言之，中央政府的官员，高级官员，在漠北以及北方的官员，在重大场合戴大帽、穿质孙衣，在江南等地，一般活动场合，并不一定戴大帽，而是穿戴沿袭唐宋时代汉民族的服装。我们从影视剧中所看到的元代服饰，多半是编导出于视觉效果，刻意使用大帽等蒙古人特色服饰，并不完全符合元朝服饰制度。

元代的御史台是中央政府中的一个重要机构，管理黜陟之职（官员升迁、罢免），与中书省（总政务）、枢密院（秉兵柄）三权分立，六部属于中书省下属机构。御史台相当于组织部、监察部，权力很大。行御史台属于中央御史台下属机构，派驻各行省。正如吴澄所言：“夫服七品之服，而自一品以下之官府，莫不畏惮，地无远近，事无大小，官之得失，民之利病，有闻，无不得言；有言，无不得行，其权不既重矣乎。”特殊的职务，决定了其权力与影响力。行御史台的御史们，官秩不一定多高，但是到地方巡查，地方主管官员热情接待是必不可少的。

话说至顺二年或三年（1331 年或 1332 年）的某天，在南京城西南隅石头城，来了一群身着紫色、绯色、绿罗质孙衣的官员，其中也有不为官的士人，紫色是元代一品至四品官员的服色，绯色是六七品，绿罗是八九品官员的服色，众官员戴着大帽，士人则戴唐巾、平巾帻。百姓等闲杂人员都被阻隔在石头城的外面，百姓远远望去，众人穿紫色、绯色官服，皆以一位穿绿罗服色的官员为主。百姓不免诧异，虽然众人没什么文化，可是以服色区别官职大小的规矩还是懂的。有人猜测，可能绿罗服色的官员是官二代，其中一位读过书的士人告诉大家，不是官二代，穿绿罗官服的是御史台官员。百姓们窃窃私语，御史不会是查他们来的吧？难怪他们这么巴结。百姓们不知道，这位穿绿罗服色的官员是元代大名鼎鼎的诗人萨都剌，时任御史台掾史，邀请了几位诗友同道同登石头城，因为官职特殊，地方官员不敢怠慢，也就陪同前往。

萨都剌（约1272~1355年），泰定四年（1327年）进士。至顺二年（1331年）七月，调任江南行御史台掾史，前后三年。在此期间，他经常与同道好友登石头城，游览钟山，与张雨、倪瓒、马九皋等人诗文唱和。这次来到石头城，城墙紧挨江边，惊涛拍案，近看江水，远眺江帆。唐人刘禹锡当年有“千寻铁锁沉江底，一片降幡出石头”，让后来者登临怀古，感慨万千。萨都剌不愧是大诗人，面对石城、江水，满目疮痍，他思绪驰骋，口占一阕：“石头城上，望天低吴楚，眼空无物。指点六朝形胜地，唯有青山半壁。蔽日旌旗，连云樯橹，白骨纷如雪。一江南北，消磨多少豪杰。寂寞避暑离宫，东风辇路，芳草年年发。落日无人松径里，鬼火高低明灭。歌舞樽前，繁华镜里，暗换青青发。伤心千古，秦淮一片明月。”这就是萨都剌的名篇《百字令・登石头城》。

萨都剌戴大帽穿官服

萨都剌的足迹并没有停留在石头城，他走过了钟山，泛舟秦淮河，徜徉在乌衣巷，缅怀过胭脂井，写下了名作《满江红・金陵怀古》：“六代繁华，春去也、更无消息。空怅望，山川形胜，已非畴昔。王谢堂前双燕子，乌衣巷口曾相识。听夜深、寂寞打空城，春潮急。思往事，愁如织；怀故国，空陈迹。但荒烟衰草，乱鸦斜日。玉树歌残秋露冷，胭脂井坏寒螀泣。到如今，唯有蒋山青，秦淮碧。”

步伐匆匆，江水滔滔，元代的大帽、质孙衣并没在南京留下很深的印痕，倒是“蒋山青，秦淮碧”成了南京景色的代表词。

戎服：铁甲冷彻骨

战争催生兵器、铠甲的发展，兵器为了击杀更多的敌人，铠甲为了有效地保护自己。矛与盾的关系，却又是互相破坏、互为依存的。没有战争，要兵器做什么？又要铠甲干什么？施耐庵《水浒传》中有对宋代的军戎服饰有记述，只是小说的故事发生地在山东、河北等地，如果说与南京有关，那就是书中有几个南京人，如神医安道全、拼命三郎石秀等。

北宋时期，南京名为江宁，只是一个府，相当于市一级，通常知府官阶四品，王安石知江宁府，府的级别没提高，只是官员高配。但是王安石的实职并不是知府，相当于今天的名誉市长。宋代官职，知府属于文官，掌管军队的有守备，相当于今天的军分区司令。北宋时期的江宁府，社会安定，文官治理得井井有条，军队驻守城市，相安无事。

建康府驻军及其军戎服饰

宋太祖赵匡胤深知中唐“安史之乱”以来王朝更替频繁的根本原因是悍将、权臣手握重兵，因此在“杯酒释兵权”之后，推行了“重文抑武”的政策。宋代文化事业发达，文化灿烂，但是也饱受西夏、辽、金的侵袭，通常认为宋代军事力量羸弱。其实这是错误的认识，宋代军事力量并不弱，有以下几个特点。

一是宋军规模庞大，英宗治平元年（1064年）全国军队达118.1万人。二是宋军战斗力并不弱，只是敌对方西夏、辽、金也很强悍。三是宋代的兵制限制了军队的战斗力，兵权在皇帝手中，中央以枢密院掌管军政军令，三衙分领马步军的统领。四是宋军缺马，更缺好马，故宋军骑兵力量相对薄弱，这是宋军一块短板，致使与辽、夏、金作战，常常战败。

宋代军队分陆军与水军两个军种，陆军有步兵和骑兵两个兵种，而步兵数量最多。宋军的步兵编组中，大部分是弓弩手，只有少部分是长枪手和刀手。精锐的骑兵属于中央禁军系统，大部分驻扎在西北边陲。北宋初年，禁军只是中央的禁卫之师，所谓“禁兵皆三司（衙）之卒也”，全国二十四路和路以下的各州、府、县，一般都没有固定驻军。随着时间推移，很多州、府、县也陆续设置常驻禁兵，最早以就粮名义设置，俗称“就粮禁兵”，逐渐成为地方军。所谓就粮，指军队移屯到粮草丰足之地，以便人马就食，这是经济性移屯。仁宗朝统计，驻营开封府的中央禁军为 684 指挥（宋代军制最基本战术单位，以 500 人为一指挥，以指挥使或指挥副使统领），驻营南北各路的地方就粮禁军为 1243 指挥，是在京禁军指挥数的两倍。此外地方上还有属于地方军的土兵（或称土军），为非正规的地方武装，不属于国家兵籍。南宋兵制大体上沿袭北宋，仍以募兵制为主，只是禁军的国家主力军地位已经被新形成的驻屯军所取代。

孝宗隆兴元年（1163 年）以后，为了防御金军南侵，沿江、沿海陆续设置了 20 余支水军，有鄂州水军、兴国（江西赣县）军御前防江水军、池州水军、江阴军水军、镇江府水军等，在建康府有两支水军，建康府靖安、唐湾御前水军与建康幅龙湾游击水军，前者编制 5700 人，后者编制 2000 人。建康府等水军拥有铁头船、铁鹞船、车头船、四头船等船只。

宋代步兵军戎服饰分为两种，一种是实战的铠甲之类，另一种是仪卫礼服。实战铠甲用铁制作的叫铁盔（戴在头上）、铁铠、铁甲（用在身上），用皮制作的叫皮笠子、皮甲。宋代铠甲有金装甲、长齐头甲、短齐头甲、金脊铁甲、连锁甲、锁子甲、黑漆顺水山字铁甲、明光细钢甲、瘊子甲等品种，盔甲的组件较多。《宋史·兵志》记载：全副盔甲有 1825 片甲叶，分为披膊、甲身、腿裙、鹘尾、兜鍪以及兜鍪帘、杯子、眉等部件，用皮线穿连。一副铁铠甲重 45~50 斤。

宋代铠甲穿戴展示图（引自《中国历代服饰》）

礼仪铠甲主要是轻甲和纸甲。一线军队使用重甲多，执行突击任务的小分队与地方军，倾向于用轻甲。可以想象，将士们穿戴近50斤的铠甲打仗，动作变得迟钝，战斗力也下降。只是因战斗惨烈，为了保护自己，不得已才披挂上重甲。轻甲有两种：一种是加入皮甲，在臂肘间改用皮甲链接，灵活性增加，分量也减轻；还有一种是纸甲，用柔软的纸捶打，叠加厚度达三寸，表层覆盖布料，钉上钉子固定，如遇雨水浸湿，箭矢、鸟铳都不能穿透。明代朱国祯《涌幢小品》卷12记录了纸甲的制造方法：“用无性极柔之纸，加工捶软，叠厚三寸，方寸四钉，如遇水雨浸湿，铳箭难透。”穿上纸甲之后，在前胸和后背，覆盖铁质的裲裆甲。这样软硬材质，轻重铠甲就结合在一起，有效地改善了灵活性、机动性与安全性的矛盾。在作战与巡逻中，宋代军士出于轻便快捷的考虑，也有着战袍、战袄的，袍和袄外面罩上一件裲裆甲，这样身体要害部位有铠甲防范，手臂、腿部等部位没有铁甲保护。《宣和遗事》记载：“急点手下巡兵二百余人，人人勇健，个个威风，腿系着粗布行缠，身穿着鸦青衲袄，轻弓短箭，手持闷棍，腰挂环刀。”作为侦查、夜袭等执行特殊任务的军士来说，轻便、快捷、灵活是非常重要的，毕竟不是战场上的厮杀，因此灵活轻便的轻甲戎装是首选之服。

宋代甲胄的形象，在宋人《武经总要》等书籍中有绘图记录。宋代的束甲还具有唐代的风格，多是简单地采用绳、皮带束紧胸腹部的甲衣，使之更服贴身体，保障行动的利索。

建康府驻扎的就粮禁军与水军，穿戴的都是大宋军队的军戎之服，兵种的人数不是很多，也较少有实战经验，但是军服还是时常保持的，通过建康府的军队可以管窥大宋的军戎全貌。

宋代铠甲生产规模达到空前水平，从形制上继承了唐代的特点，制作工艺也较为复杂，需要经过铁锻打成甲片、打札、粗磨、穿孔、错穴、裁札、错棱、精磨等多道工艺，然后再用皮条编缀成整领铠甲，耗时210个工作日。

南宋岳家军牛首山抗金

宋代的南京，不是战斗最前沿，没有边关频繁的战争，但并非太平无事。靖康元年（1126年）八月，金军再次南侵，分东、西两路进兵，十月初东路军攻入河北路重镇真定府（今河北正定），宋钦宗惊慌失措。十一月金军先锋兵临东京城外，很快东京城破，钦宗投降。靖康二年（1127年）四月，金军俘虏徽、钦二帝，以及后妃、皇子、宗室贵戚等北撤，北宋灭亡。

同年五月，时年21岁的康王赵构在南京应天府（今河南商丘）即位，重建赵宋政权，改元建炎，是为宋高宗。建炎二年至三年（1128~1129年）春，金军又发动攻势，前锋直指扬州，宋高宗仓皇逃往江南，在临安（今杭州）建都。东京留守杜充放弃开封，率军退守江南的建康府（今南京）。当年冬，金将完颜宗弼（即金兀术）率大军渡江，占领建康府。杜充投降，金军进逼临安，宋高宗又自临安出奔，漂泊海上。建炎四年（1130年）春金军在浙江大肆掳掠后北撤，在镇江与建康之间的黄天荡一带遭韩世忠阻截，10万金兵被困于此，相持40天之后，金军用火攻破宋军，回到建康。

金兵到达建康之后，岳飞率部自宜兴西进建康，在牛首山—韩府山一带构筑战垒，设伏兵袭扰金兵，大败金兵于清水亭（江宁与雨花台之间）。完颜宗弼计划从靖安（今南京下关）渡宣化（今南京浦口一带）北归。岳飞亲率精锐骑兵300人、步兵2000人，自牛首山出击，斩杀金兵3000

南宋刘松年《中兴四将图》岳飞像

余人，俘虏金兵万户、千户官员20余人。《中兴四将图》描绘了南宋刘光世、韩世忠、张俊、岳飞等四位抗金名将的形象，每位将军身后都跟着一位侍从。在岳飞的身后，侍从腰挎箭袋，正是宋军的主要武器之一。

此后，南宋官兵收复建康府，金军退至长江以北。岳飞抗金故垒在南京尚存，自铁心桥韩府山，到牛首山主峰北侧，长约4200米。

金朝在早期女真部落时，只有兵器，没有铠甲。与辽交战中，获得辽军铠甲500多件，由此开始装备铠甲。其早期的铠甲比较简陋，上身无护甲，下面是护膝，没有腿裙，头上有兜鍪。到了后来，金军开始装备身甲，腿裙部位也有了护甲，与宋朝的铠甲差别不大。金人的头盔很坚固，《三朝北盟会编》记载：“金贼兜鍪极坚，止露面目，所以枪箭不能入。”金人的兜鍪除了眼睛显露在外，其他部位基本上都被铁甲覆盖了。

金军的骑兵很厉害，战马采用具装铠，层层保护，俗称“拐子马”。完颜宗弼当年所率的部队就是金军重装骑兵，即“拐子马”部队，是金军的主力，战斗力非常强。“拐子马”在与骁勇善战的岳家军对垒时，战斗力有所下降，强悍的“拐子马”终被岳家军所破，从此马铠在古代战场上消失了。

韩世忠、岳飞军队的军戎服饰，与北宋军服基本一致。宋代武将的铠甲外常常罩一种宽袖短衫，称之为“绣衫”。这种绣衫无扣，用衣襟下缘的垂带在胸前系结。需要特别指出的，绣衫的背后位置，绣有区别各军的标志，《宋史·仪卫志》记载：“金吾卫以辟邪，左右卫以瑞马，骁卫以雕虎，屯卫以赤豹，武卫以瑞鹰，令军卫以白泽，监门卫以狮子，千牛卫以犀牛，六军以孔雀。”绣衫的穿戴方法名之为“衷甲”制。

南宋时期的袖衫形制有所变化，成为一种长及脚背的长袍，广袖、大翻领、右衽，无扣带，以腰带系束。

宋代的铠甲，制作颇为精良，但并非每个士兵都有整套的铠甲，作战时往往有衣甲无兜鍪（头盔），头上戴的是皮笠子。用金属制作的称为兜鍪，保护严密；用皮革制作的只能称皮笠，挡风遮雨功能超过保护头部的功能。南宋正规军尚有衣甲、皮笠，民间武装乡军、民兵、义军的装备和军服就很差了。在南宋，抗金力量很多来自民间，衣衫褴褛，哪里谈得上军服！但是他们面对强敌，不畏强暴，不怕牺牲，谱写了中原儿女的豪情与壮志的颂歌。

元军甲胄精巧

元朝的创立者是来自漠北蒙古族的铁木真。1206年，铁木真统一蒙古各部，建立蒙古国，号成吉思汗。其开展的东征与西征，改变了13世纪整个世界的面貌。

元军主要是骑兵，骁勇善战，战斗力极强，作战时每骑配有战马数匹，轮流骑用。元军还配有火器，其精良装备中最突出的就是甲胄。元军甲胄极为精巧，有柳叶甲、铁罗圈甲、鱼鳞甲、蛟鱼皮甲和翎根甲。还有翎根铠，用蹄筋、翎根相缀而胶连甲片，又像蹄掌甲，此甲用于奖励有功将领。蒙古的兵卒多戴铁盔，另外有一种甲胄作帽形而不遮眉，用于脸部的保护。

元军铁骑践踏江南大地，疆场厮杀中宋军不敌元军，硝烟过后将建康府纳入元朝版图。

按照海外汉学家牟复礼、崔瑞德《剑桥中国明代史》说法，蒙古族戍军和元帝国禁卫军的主力部署在北方，靠近京师，而汉人部队不管是在蒙古人的统率下还是色目人的统率下，都守卫在中部、南部和西南部各地区。各行省的戍军也不是均衡分布，而是集中在长江下游。扬州、建康和杭州是元军除京师外以有精锐部队把守的地方。这是为了保卫运河南端的富庶地区，向京师供应财赋，特别是供应税粮。

平民服饰：衣冠简朴古风存

说到宋代市井生活，读者会想到张择端的画作《清明上河图》和孟元老的笔记体散文集《东京梦华录》。这两个作品，都反映宋代都城东京汴梁（今开封）的社会生活。《东京梦华录》反映的是北宋末年崇宁到宣和年间（1102~1125 年）王公贵族、庶民百姓的日常生活情景。《清明上河图》主要描绘汴梁及汴河两岸的自然风光和清明集市的繁荣景象。

宋代的江宁府，虽然没有汴梁地位高，也没有出现《清明上河图》那样的风俗长卷，但是作为东南经济文化中心的地位没有动摇，仍然是东南重镇。并不因为江宁府远离都城汴京，就改变了人杰地灵等特点。建康虽然没有遇到张择端这样的伟大画家绘制图画，但江南的风俗人情风貌，依然存在于现实生活中。江宁府以及南宋时的建康府，毕竟是六朝的都城，对周边的辐射能力还是存在的。王安石知江宁府，晚年定居江宁，坐享钟山美景，苏东坡等人前来探望王安石，同游钟山，都给这座历史名城增添了文化的色彩。

宋代服饰简朴之风

宋太祖赵匡胤黄袍加身取得天下，又以“杯酒释兵权”剥夺了将领们的兵权。尽管将领退役后，主要精力转向建房置业、养花种草的生活上，但退役将领、退休官员并非无官一身轻，可以恣意放纵，肆无忌惮地追求奢侈。国家的禁令尚在，威慑力依然强大。“不得奢僭”就像一把达摩克利斯之剑，高高悬挂在头上，祸福相依，如果越轨逾礼，等待他和家庭的，或许是命运的改变。

在服饰方面，宋代统治者倡导“务从简朴”、“不得奢僭”的观点，对社会各阶层都适用。高宗说过：“金翠为妇人服饰，不惟靡货害物，而侈靡之习，实关风化。”他曾下令收缴宫中女子的金银首饰，置于闹市，当众销毁。皇帝的倡导，对社会风气崇朴尚俭是一种推动，上行下效。服饰从简并不是从南宋开始，宋代开国初期就实行，只是宋高宗表现得更为强烈。

宋代士人服饰以襕衫为主，在衫的下摆加以横襕，过去有“品官绿袍，举子白襕”的说法，也就是穿红挂绿是官员官服的颜色，士人出仕前，还是平头百姓，只能穿白色的服饰。白色与黑色是古代底层官吏、百姓服饰的主要服色，古代有皂奴一说，就是底层未入流的官差，如衙役、捕快、牢头，都穿黑色制服，看他们服色就知道其身份。而老百姓除了黑色、褐色，只能穿白色服饰。

王安石骑驴游钟山

王安石知江宁府时，相中了江宁府城东门和钟山的正中间一个名叫白塘的地方，他在此修盖了几间房屋，因为此地距城东门七里，距钟山也是七里，正好在入山半途，故取名“半山园”。半山园之地属于荒郊野外，无遮无挡，一望无际，视野开阔。在半山园以北不远的地方，有一个土堆，相传是东晋谢安的故宅遗址，一直被叫作谢公墩，附近还有孙权墓、宝公塔等名胜古迹。

王安石先后任参知政事（相当于副宰相）、平章事（相当于宰相），卸任后的王安石，虽然还身兼知府官衔，却并不过问什么政事。宦海沉浮，让王安石看透了官场的尔虞我诈，他要寻找自己的快乐，做自己喜欢的事情。王安石就想做一个退仕回乡的平民，他在房屋周围种了些树木，并且凿渠决水，把经常积水的洼地疏浚为池塘，打造成一个家园的模样。退居在家，王安石脱掉了严谨的官服，换上了平民服饰。宋人叶梦得《石林燕语》卷6记载：“国朝既以绯紫为章服，故官品未应得服者，虽燕服亦不得用紫，盖自唐以来旧矣。太平兴国中，李文正公昉尝举故事，请禁品官绿袍，举子白纻，下不得服

宋代士大夫仕女服饰（引自《中国历代服饰集萃》）

紫色衣；举人听服皂，公吏、工商、伎术通服皂白二色。至道中，弛其禁，今胥吏宽衫，与军伍窄衣，皆服紫，沿习之久，不知其非也。”宋代服饰强调的是各有本色，也就是说身份不同的人，应当穿着与自己身份相符的服装。官员有官服，依品级穿衣，百姓也有各自的服饰规定，在服色与款式上不能随意穿戴，只能在限定的面料、款式、服色上中选择。

天气晴朗的时候，在通向钟山的小道上，一头小毛驴悠闲地迈着碎步，毛驴前面有个书童手持缰绳牵引着毛驴，毛驴上坐着一位儒雅的中年人，身着直身宽大的袍服，这种服装宋代叫直裰，即长衣，在背后有缝纫的中缝，一直通到下面。故称直裰，又称直身，也有说长衣无襕的叫直裰。书童是短衣襟小打扮，也就是上衣下裤的装束，宋代名之为短褐，身狭、袖小，又称之为箭（通筒）袖的襦。褐衣一般指不属于绫罗锦一类面料的，通常用麻或毛织成的短衣，比短褐略为长、宽些，总体上还算短、窄。

中年儒雅之士，骑在毛驴上，沿途观赏风景，一边吟诵着诗句，不时比画着，推敲哪句诗哪个词用得好。郊外人丁稀少，一路上见不到几个人，偶尔有一两个农民在田间耕种，彼此并没有招呼。这样的情景他们见过多次，偶然也会搭理几句，他们知道这位儒雅之士，是位读书人，见过大世面，住在前面的白塘半山园，但是并不清楚他的底细。山野之人，并不关心官场的变化，关心的是庄稼的收成、生活过得怎么样。他们不知道眼前这位骑在小毛驴上的人，竟是当朝叱咤风云的大人物，他就是官至宰相、有“拗相公”之称的王安石。

王安石原来有一匹高大的骏马代步，马是神宗皇帝所赐，后来马死了，就换成了毛驴。驴子的身架小，行走慢，倒是适合慢走，书童也能跟得上。骑驴赏景更适合。“涧水无声绕竹流，竹西花草弄春柔。茅檐相对坐终日，一鸟不鸣山更幽”（《钟山即事》）；“水际柴门一半开，小桥分路入青苔。背人照影无穷柳，隔屋吹香并是梅”（《金陵即事》）；“春风取花去，酬我以清阴。翳翳陂路静，交交园屋深。床敷每小息，杖屦或幽寻。唯有北山鸟，经过遗好音”（《半山春晚即事》）。一首首歌咏钟山的诗就这样在驴背上酝酿出来。

钟山有定林寺，距离半山园七里，凡是不到别处游玩的日子，王安石就到定林寺。寺院专门为他提供了一间房——昭文斋，王安石经常在这所房子里读书著述，或者接待来访的客人。寺院长老知道王安石的喜好，并不刻意为他安排什么，一壶清茶，一叠书，少打扰，王安石安闲地在昭文斋看书。客人来时，通报一声。王安石一向对吃饭穿衣不大讲究，临朝公干时规矩方正的官服，穿得并不自在，只是人在官场身不由己而已。这时的直裰宽大随意，正合王安石所愿。衣着简朴的王安石虽没了宰相的排场，服饰上也沾有挥毫泼墨的点点墨迹，然而他的气度，并不因为服饰的改变而改变，宰相的气场还在，威严严谨。

远离庙堂之高，处江湖之远，王安石能逃避官场的礼节吗？不能。他被贬江宁府，来探望他的官员、师友不少。书法家米芾就是在定林寺昭文斋与王安石相识的。米芾知道王安石的秉性，更换了官服，穿了一件宽敞的道衣，戴着华阳巾。道衣本为以羽毛编织的道家法服，也称鹤氅，是道士的职业装，但在宋代却别有意义，并非道士制服，而是社会上一般文人士子的服饰，形制为斜领交裾，四周用黑色为缘，服色为茶褐色。道衣（鹤氅）本是用鹤的羽毛及其他鸟毛捻织成的贵重裘衣，在晋朝时就有，样式宽大，不过宋代的鹤氅并非裘皮服饰，面料是布、麻等普通材料，形制类似，于是把宽大的服饰称之为鹤氅。名称豪华，面料却普通，取鹤的高洁，仙道临风之意。

宋人王禹偁《黄冈竹楼记》曰："公退之暇，被鹤氅衣，戴华阳巾。"某版本《古文观止》的注释认为华阳巾是道士所戴的巾，并不符合实际。官员退居，未必信奉道教，不穿道士之服，只是形似道衣而已，乃是宋代文人雅士的习惯着装。华阳巾属于隐士逸人所戴的纱罗头巾，相传唐代诗人顾况所创制，顾况晚年隐居山林，号华阳山人，常戴此巾，因此得名。唐人陆龟蒙《华阳巾》云："莲花峰下得佳名，云褐相兼上鹤翎。须是古坛秋霁后，静焚香炷礼寒星。"这里泛指士人头巾。

米芾是宋代的大书画家，他住在镇江南山，观察南山烟雨，创立的米家山水技法，流传后世。一位才情的书画家，与同样有才气的大诗人、文学家，相聚在一起，不说官场风云，纵谈诗文书画，欣赏钟山风情。仙风道骨的道衣，宽松洒脱的直裰，王安石、米芾的穿着虽然都是宽松式的民间服饰，其风格却有所差别，也可以说两种不同气质的服饰。

同游钟山共吟诗

王安石做宰相时，深得宋神宗信任，锐意进取，推行新政，遭到很多官员的反对，司马光、苏轼都是王安石新政的坚定反对派。

王安石居江宁时，新政被后任推翻，苏轼也因为“乌台诗案”被贬。元丰七年（1084 年）四月苏轼由知黄州（今湖北黄冈）改知汝州（今河南汝州），途中路经金陵，特意来看望王安石。作为官场上的敌手，文坛上的好友，文人并非都是相轻的。官场的对立，只是政治见解不同，所构建的理想相异，并不妨碍两位文坛大家彼此间的欣赏，也没有影响他们的友谊。

在田园诗画般的半山园，王安石接待了苏东坡。身着直裰，头戴一种高顶纱帽（后来称为东坡帽）的苏轼，一副名士做派。官场上官服威严，等级森严，在朝堂上，王安石是大权在握的宰相，威风凛凛，不怒自威，如今穿着平民服装，在私宅接待当年的属下，彼此并没有官场的等级，不苟言笑的王荆公也笑脸相待，开朗的苏东坡禁不住大笑，“相逢一笑泯恩仇”，当年官场的不快，烟消云散。

穿直裰的苏东坡

第二天，王安石邀请苏轼和一些朋友同游钟山。除了直裰、道衣，其他诗友也有穿鹤氅的。小毛驴前面引路，众人坐在小板车上，沿路观赏风景，知府大人也乘坐轿子，跟随大家，以尽地主之谊。钟山风景实在太美了，大家流连忘返，文人最擅长的就是吟诗作画。

看风景因心情不同，处境不同，生出不同的心情，影响着观风景者的感悟。曾经叱咤风云的政坛主帅王安石，眼中的钟山有的是一份淡定，一份宁静，一份平和。“径暖草如积，山晴花更繁。纵横一川水，高下数家村。静憩鸡鸣午，荒寻犬吠昏。归来向人说，疑是武陵源”（《即事》）。钟山日暖花繁，鸡鸣犬吠，俨然是一处世外桃源。

苏轼非常羡慕王荆公的田园生活，欲在江宁买地盖房，效仿王荆公的生活。苏轼在《上荆公书》说："某始欲买田金陵，庶几得陪杖屦，老于钟山之下。"意思就是，我想在金陵买一块地，侍奉在相国左右，终老于钟山。王安石笑而不答。苏轼是贬官之人，朝堂上还有官职，岂是可以随意终老的！与苏轼不同，王安石已经得到皇帝恩准，落户江宁。此生此情，王荆公已经托付钟山——"割我钟山一半青"。

若干年后，苏轼在江宁知府王胜之陪同下，再游钟山，此时王安石已不在了，王荆公宅院已为半山寺，曾经驻足的谢公墩也没有了王安石的身影。苏轼口占一诗："到郡席不暖，居民空惘然。好山无十里，遗恨恐他年。欲款南朝寺，同登北郭船。朱门收画戟，绀宇出青莲。夹路苍髯古，迎人翠麓偏。龙腰蟠故国，鸟爪寄曾巅。竹杪飞华屋，松根泫细泉。峰多巧障日，江远欲浮天。略彴横秋水，浮图插暮烟。归来踏人影，云细月娟娟。"但身不由己的苏轼最终没有在江宁停留，没有与王安石比邻而居。或许在他的脑中还浮现出当年拜访王荆公身着直裰接待、把酒临风、吟诗对句的情景。

男女通穿背子

王安石居住在半山园，每每眺望钟山时，都会思绪纷飞，虽然已经远离了政治中心，没有了权力之争，他的生活也归于平淡，但是对于一个胸怀远大、有政治抱负的政治家来说，岂能完全舍下自己的政治理想，不去检讨施政得失，忧国忧民！王安石确实喜欢江宁，热爱钟山，发自内心，然而他的归隐，也是因为政治上的不得已。

在任的官员、曾经的下属、当年的同僚，来江宁总要来拜访、探望，在他们心目中，王安石依然是政治统帅。由退仕到退隐，王安石对于物质生活、物质享受已经淡忘，一箪一食，一衣一履，对他来说已经够了，晚年更是将住宅舍给了寺院。但是来探望的尘世间红男绿女，并非个个与他有一样的情怀、心境。

拜访的人群中，不乏穿背子的男女。背子，来源于半臂，形制为前后两片，一块护胸，一块护背，但是与半臂的形制并不相同。背子起初不分男女，宋代男女都可以穿背子，宋代男子穿背子也比较普遍，对于男子来说，背子属于非正式礼服，在家待客，作为简单礼服和衬服为多。宋代官员背子的款式有所差别，官员尚有着红团花背子、小帽背子的。背子远比直裰要鲜亮。笔者概括，如果直裰、道衣、鹤氅属于普通服饰，那么背子就属于时尚服饰。

商业繁华催生行业制服

宋代平民服饰还有一个独特现象，即出现行业制服。宋人孟元老《东京梦华录》卷5说：“其卖药卖卦，皆具冠带……士农工商，诸行百户，衣装各有本色，不敢越外；谓如香铺里香人，即顶帽披背；质库掌事，即着皂衫角带，不顶帽之类。都市行人，便认得是何色目。”文献记载的是东京汴梁做生意的人，要依据行业特点，穿着行业服饰（制服），香铺的店家戴顶帽、围披肩，店铺中的管事（主管、经理）要穿黑色短袖单衣，腰间束角带，不戴顶帽。但是这样的行业制服与市场管理方法，并不局限于汴梁。

以制服来辨别职业（行业），提供精准服务，提高工作效率，是宋代市场管理的经验。宋代商业繁荣，北宋的汴梁，南宋的临安（今杭州），都有繁华的商业街，店铺鳞次栉比。根据从业者的行业特点，穿着特定的制服，顾客一目了然就能分辨出行业与人员，而且能看出谁是伙计、谁是主管，方便商家做生意，也便于顾客选择，遇到问题还方便投诉。甚至餐饮业也有制服，宋代的“厨娘更围袄围裙，银索攀膊”，戴名为“元宝冠”的工作帽。这可以视为后世厨师高冠帽，以帽子高低分别厨师等级的先声。主管与伙计制服的等级差别，可以概括为这样的结论：宋代服饰的等差制度，不仅仅体现在官服中，也体现在商业经营中。

笔者孤陋寡闻，未看到宋代江宁（建康）府行业制服的文献记载，但可以推论，江宁是有行业制服的。道理很简单，宋代的商业发达城市，都有繁华商业街，南京的商业活动并不逊于汴梁、临安。北宋灭亡后，康王泥马渡江，落脚地就是江宁，至今在幕府山还有五马渡遗址，南京城内尚有泥马巷地名。南京曾临时做过南宋都城，对比北宋都城汴梁、南宋都城临安，其繁华商业街也会使用行业制服。南京介于汴梁、临安之间，又是东南重镇，行业制服应当会在此地开花结果。

风尚清雅罗轻盈

宋代崇尚简朴，服饰以清雅为主，并不是说宋代就没有艳丽的服饰、奢华的风姿。宋代的丝织品种非常丰富，织锦名品有 100 多种，各地织锦色彩鲜艳，鸟兽花纹精美，还有薄如蝉翼、望之若雾的轻纱面料，陆游《老学庵笔记》卷 6 记载："亳州出轻纱，举之若无，裁以为衣，真若烟雾。"

宋代纺织业非常发达，出现了很多纺织新品种，罗在宋代风靡一时。罗分为素罗和花罗，素罗，即一种清淡素雅的罗；花罗又称提花罗，在罗的组织上织出各种花纹图案。

宋代男子服饰比较简单，女性服饰则相对繁多，主要有袄、襦、衫、背子、半臂、裙子、裤、袍、领巾、抹胸、肚兜、膝裤、袜之类。

女性服饰：轻衫罩体香罗碧

宋代服饰遵循唐代服饰制度，却又有所改变，通常认为隋唐服饰艳丽、奢华，宋代服饰趋向简朴，归于保守。理由是宋代理学盛行，“存天理，去人欲”压抑人性，并成为社会道德的标准，约束奢靡行为。“女子学恭俭超千古，风化宫娥只淡妆”，社会道德观、价值观变化了，审美倾向也发生了变化。理学盛行于宋明时期，对于中国社会的影响巨大。理学之所以诞生在宋代，与宋代俭朴风尚是有关系的，但是需要指出的是，宋代理学思想对于宋代服饰的影响，主要在南宋时期。俭朴的生活风尚，是相较唐代的奢华而言，并不表示北宋服饰就是沉闷、保守，北宋女性服饰中也有低胸装等开放性服饰，也有亮色，服饰的色彩也很丰富。服饰风格上的简朴并不等同于保守，宋代女裙色彩依然鲜艳，有红、绿、黄、青等多种颜色，尤以石榴花的裙色最惹人注目，宋代有大量的歌咏石榴红裙的诗词，如“榴花不似舞裙红”、“裙染石榴花”、“石榴裙束纤腰细”等。

轻衫罩体香罗碧

宋代衣冠服饰总体上是比较拘谨和保守，式样变化很少，色彩也不如唐代那样鲜艳，给人以质朴、洁净和自然之感。

从宋代女裙色彩之丰富，可以窥视宋代女性服饰保留着亮色，呈现丰富多彩的状态。宋代服饰中也有类似唐代的开放服饰，衣衫轻薄透视，彰显女性玲珑曲线的服饰也是存在的。“轻衫罩体香罗碧”说的是透视装束，《宋徽宗宫词》也有“峭窄罗衫称玉肌”，轻薄罗衫几乎可以看到衫下的雪白肌肤，说明当时的女子衫子追求透视效果，而且窄小紧身，凸现女性身体曲线。

对于时尚的渴望，宋代女性往往通过一些变通的方法，实现自己的时尚理想，实践自己的美丽梦想。宋代女裙所折射的乃是在理学思想影响下，在收敛性的历史背景下，从禁锢的铁丝网下，出墙而来的一片新绿。

宋代女性服饰主要有袄、襦、衫、背子、半臂、裙子、裤、袍、领巾、

宋代女子背子展示图（引自《中国历代服饰》）

抹胸、肚兜、膝裤、袜之类。包括贵族女性在内的宋代女性普通装束，大多上身穿袄、襦、衫、背子、半臂等，下身束着裙子、裤。大致上袄、襦、衫均为短衣，分内外之用，即袄、襦为外衣，衫子多用于内衣。

襦、袄是相近的衣着，形式比较短小。襦有单複，单複近乎衫，而袄大多有夹或内实以棉絮。古代作为内衣衬服之用，即所谓燕居之服（在家居住时穿的服饰）。宋代的衫子是单的，而且袖子较短，宋代的衫子都以轻薄衣料和浅淡颜色为主，如宋人诗词中“轻衫罩体香罗碧”所描述的那样。

宋代的襦、袄都是作为上身之衣着，较短小，下身则穿着裙子。颜色通常以红、紫色为主，黄色次之，贵者用锦、罗或加刺绣。一般妇女则规定不得用白色、褐色毛缎和淡褐色匹帛制作衣服。

裙与裤为下衣，裙有短制，如同今天的一般裙子；裙也有长制，上下通连，如同今天的连衣裙。襦裙、罗裙、长裙是长制，其中襦裙是襦与裙的结合体；其他百叠裙、花边裙、旋裙为短制。

宋代女性流行穿背子。背子也作褙子，又名绰子。背子有两种说法，一是指短袖上衣，也有说背子就是半臂。宋代高承《事物纪原》卷3记载：“隋大业中，内宫多服半臂，除即长袖也。唐高祖减其袖，谓之半臂，今背子也。江淮之间或曰绰子，士人竞服。”二是指女子常服，对襟、直领，两腋开衩，下成过膝。杨荫深《细说万物由来》说：“背子亦称为背心或马甲，无袖而短，通常著于衫内或衫外。昔年妇女所着又有长与衫同的，称为长马甲。”经杨先生这么一说，我们对背子就有了直观的印象了。

背子是宋代女性的常服，对襟、直领，两腋开衩，下成过膝，穿在

宋代大袖衫展示图（引自《中国历代服饰》）

襦袄外面，上自后妃，下及妓妾。衣袖则分为宽窄两式。背子的形制来源于半臂，因为前后两片，一块护胸，一块护背，但是与半臂的形制并不相同。从便于理解角度，我们说背子类似于背心，类似于半臂。但是并不能因此说背子是背心加袖而成，这是必须强调的。

宋代男女皆可穿背子，女性尤其好穿背子。背子是次于礼服的第二等服饰，两宋时颇为流行。衣袖分为宽窄两式。服色多种，女性有红背子，戴冠子花朵。《宋史·舆服志》规定：命妇以花钗翟衣为正式礼服外，背子作为常服穿用。皇后受册后回来谒家庙时穿背子，节庆日时第三盏酒后要换成团冠背子；背子也是一般家庭未嫁女子和妾的常服。

宋代女子下衣有裙与裤，裙子为社会普遍接受，贵族女性一定是穿裙不穿裤的，而裤则多为劳动者所穿，穿裤的方法一般是裙内穿裤，即裤子穿在里面，外面罩裙，束裙大多长至足面，劳动妇女或者短一点，但是也有单独穿裤，不系裙子的。

李清照与建康府服饰

靖康之变后，康王赵构南渡，将江宁府改名建康府，建造行宫，准备以建康为都。迫于金兵追击，被迫辗转多地，最后觉得建康临近长江，容易遭到金兵侵袭，而临安（今杭州）远离长江，相对安全，于是定都临安。北宋时期，江宁府是东南路首府；南宋时建康府属于留都，《景定建康志》记载：“建康为今留都，视他郡尤重。”因此，北宋都城汴梁与南宋都城临安的风俗，主要是受地理因素影响的饮食风俗有差异之外，服饰风俗与江宁（建康）府同在一个政权统治下，是基本相同的。

崔错《李清照像》

说到南宋的南京服饰风俗，有一位著名的女词人有所体验，有所见证。李清照是南宋时期山东济南府人，其父李格非是一位善于为文的官员，官至礼部员外郎、提点京东路刑狱，写有《洛阳名园记》。李清照 18 岁嫁给了出身官宦之家的太学生赵明诚。

靖康二年（1127 年）北宋被金所灭，高宗赵构继位，开启南宋纪年，是年即建炎元年。这年，赵明诚母亲在建康府去世，赵明诚前往奔丧，不久被任命为建康府知府。建炎二年（1128 年），李清照赶往建康府，与赵明诚团聚。她感叹“南来尚怯吴江冷，北狩应悲易水寒”，“南渡衣冠少王导，北来消息欠刘琨”，表达了她对南渡之后国家命运的担忧，以及对朝廷苟且偷安的不满。

李清照追随丈夫，生活在南京，她从北方迁居过来，所穿的北方服饰融入本地服饰之中，并无异样，可见南宋时期的女性服饰，南北差异并不明显。“庭院深深深几许？云窗雾阁常扃。柳梢梅萼渐分明。春归秣陵树，人老建康城。感月吟风多少事，如今老去无成。谁怜憔悴更凋零。试灯无意思，踏雪没心情。”李清照的这阕《临江仙》表达了一个山东女子身在南京的心绪。

写于南渡最初几年的《菩萨蛮》，则写出了她所在的南京女性服饰中头饰（首服）的风尚。“归鸿声断残云碧，背窗雪落炉烟直。烛底凤钗明，钗头人胜轻。角声催晓漏，曙色回牛斗。春意看花难，西风留旧寒。”原本恩爱的夫妻，在赵明诚建康府知府任上，并不愉快。作为堂堂知府夫人，头戴凤冠（按照宋代舆服制度，命妇所戴是花钗冠，并非皇后、嫔妃的凤冠，凤冠是借名），在烛光下等待丈夫，期待往日的恩爱，“烛底凤钗明，钗头人胜轻”，烛光映照下她的花钗冠与凤钗，显得非常美，在凤钗上还装饰着用彩绸或金箔剪成的人胜或花胜。“人胜”、“花胜”都是古代妇女于人日（正月初七）所戴饰物。

中国女性戴凤冠的礼仪制度从汉代就有，自中、晚唐以来，妇女戴冠日益多见。五代时就有“碧罗冠子”、“鹿胎冠子”等名称，宋代此风尤盛。清代宫廷南薰殿藏有宋代原画《宋真宗章懿李皇后像》，在画像上可见，李皇后戴的凤冠特别高大，装饰繁复，冠上饰有多条龙、凤。这顶凤冠大体上可以称之为“龙凤珠翠冠”。政和年间（1111~1117年）定命妇服饰，首饰用花钗冠，冠有两博鬓加宝钿饰；服翟衣，青罗绣为翟，编次于衣裳之制。一品花钗九株，宝钿数同花数，绣翟九等；二品花钗八株，翟八等；三品花钗七株，绣翟就等；四品花钗六株，翟六等；五品花钗五株，翟五等。翟衣内衬素纱中单黼领，朱袖、衣缘（边），通用罗縠（有皱纹的纱），蔽膝同裳色，以缘（酱色、青赤色）为领缘加以文绣，重翟为章饰。知府的夫人相当于四品命妇，花钗六株。

宋代女性的首服，包括两个组合：头上的冠，梳理呈各种造型的发髻，再配以金玉珠翠的首饰。宋代女性的冠饰，除了李清照戴的花钗冠，还有白角冠、珠冠、团冠、花冠等，民间嫁娶丧葬有凤冠，这个凤冠是“借名”使用的假凤冠。中国服饰文化等级制度非常严格，最为森严，僭越要治罪，但是在人生重要的婚礼、丧礼中，却允许“借用”（逾越服饰等级），体现了中国服饰文化中人性化的一面。

建炎三年（1129年），御营统制官王亦在建康府发动兵变，知府赵明诚留下李清照，独自落荒而逃。事后赵明诚被罢官，心灰意冷的他带着李清照去江西准备买房定居。行至乌江，在项羽兵败自刎之地，李清照感慨万千，写下一首五言绝句：“生当作人杰，死亦为鬼雄。至今思项羽，不肯过江东。”走到安徽池阳，赵明诚接到调令，重新起用，调任湖州知事，他将李清照安顿在安徽，去南京谢恩（南宋朝廷短暂在南京驻扎），路上中暑，一病不起。七月底，李清照昼夜兼程赶到南京，赵明诚去世。李清照殓葬丈夫后大病一场，写下千古绝唱《声声慢》：“寻寻觅觅，冷冷清清，凄凄惨惨戚戚。乍暖还寒时候，最难将息。三杯两盏淡酒，怎敌他、晚来风急？雁过也，正伤心，却是旧时相识。满地黄花堆积。憔悴损，如今有谁堪摘？守着窗儿，独自怎生得黑？梧桐更兼细雨，到黄昏、点点滴滴。这次第，怎一个愁字了得？”长歌当哭，愁字了得，多年的艰辛、酸楚，倾泻而出。年仅46岁的李清照，失去了依靠，无奈再嫁官吏张汝舟。

李清照在南京时是知府夫人，朝廷命妇，其服饰穿戴考究，龙凤翟衣都是宋代贵族命妇所穿戴的与官服配套，对等的服饰。至于社会上的普通女性，需要劳作，显然不能穿长裙，梳高髻，满头珠翠。服饰款式虽然还是衣、裙、襦、袄、半臂，面料则以布、纱、麻为主。取代满头珠翠的是荆簪铜钗，服饰的样式收身，是紧身短衫窄袖。

元代汉族女子仍穿襦裳

元朝是蒙古人统治的王朝，蒙古贵族妇女有固有的服饰，大多以动物皮毛为衣料，貂鼠皮、羊皮为衣，戴皮帽。元代蒙古女性最典型的服饰是姑姑冠，高两三尺，上加羽毛。这种姑姑冠，汉族女性很少戴，在接近元代都城的地区汉族妇女偶有戴之，南方地区是不戴的。

虽然政治上，元代对于汉人统治比较严酷，等级划分严格，但是在服饰穿戴上，对于汉人的要求不是特别严厉，元代汉族妇女没有完全按照蒙古服饰穿着，尤其是南方地区。

元代襦裙半臂穿戴展示图（引自《中国历代服饰》）

元代南京先后被称为建康路（南宋为建康府）、集庆路，至元十四年（1284年）改建康府宝抚司为建康路总管府，以万户廉希愿、招讨唆都兼宣抚使。天历二年（1329年）元文宗诏令改建康路为集庆路，中顺大夫迷沙任达鲁花赤（总辖官），奉议大夫唆住任总管。虽然蒙古人做了南京的军政长官，驻扎有军队，但是南京地区仍然是汉人居住地，蒙古人很少。因此，南京地区女性仍服襦裳，至正前衣饰华彩，此后衣饰倾向于淡素。

明代篇

（公元 1368 ~ 1644 年）

冕服与龙袍：尊儒行礼重纲常

朱元璋出身贫寒，年少时因生活所迫出家为僧，文化水平不高，但是他是个有雄心、肯吃苦、善动脑的人，尤其重视文化教育。大明江山的建立，与他善于用人有很大关系。对于儒家学说“君臣纲常”的伦理道德观念，他最为推崇。由朱元璋授意、宋濂执笔的奉天讨元北伐檄文说：“元之臣子，不遵祖训，废坏纲常，有如大德废长立幼，泰定以臣弑君，天历以弟酖兄，至于弟收兄妻，子烝父妾，上下相习，恬不为怪，其于父子君臣夫妇长幼之伦，渎乱甚矣。夫人君者斯民之宗主，朝廷者天下之根本，礼义者御世之大防，其所为如彼，岂可为训于天下后世哉！”檄文固然是对元朝暴政的谴责，传递的却是儒家“君君臣臣，父父子子”的纲常思想。

祭祀天地用衮冕

朱元璋建立明王朝，登基成为皇帝时，免不了要祭祀行礼。这一日在应天府南郊，祭祀天地，丞相率文武百官和人民拜贺，山呼万岁。随后，皇帝由仪仗导引，到太庙追尊四代祖父母、父母为皇帝、皇后，再祭告社稷。皇帝服衮冕，在奉天殿受百官贺。经过天地社稷的祭祀，新皇帝的合法性得到了祖先、百官、百姓的承认。

想当年亭长出身的刘邦，得到儒生叔孙通的支持，演绎了一套汉官威仪的朝贺礼仪，让他感受到做皇帝必须有礼仪制度来衬托，才显示出皇权神圣、皇帝威严。同样，小和尚出生的朱重八，经过血与火的洗礼，疆场的厮杀，也明白了权力与威严并存的道理，礼仪是皇权、皇帝必不可少的障眼法、拔高法。没有礼仪，皇权的威严无法显示，没有社会等级秩序，国家就缺乏统摄的权术。明朝的建立，使得儒家思想、等级秩序、舆服制度成为一个统一体，并重新构建，重新履行。

明太祖登基后，很重视衣冠服饰制度的建设，下诏衣冠悉如唐制，变革“胡风”、“胡俗”，强调贵贱有序和良贱有别的等级观念，申明定章，崇尚淳朴的风尚，严禁奢侈和违礼逾制。鉴于礼服过于繁琐，洪武三年（1370 年），规定除祭天地、宗庙时服用衮冕，其余场合都不用。一般小祀、露布、亲征、省牲、郊庙等用通天冠。

中国古代的皇帝，高高在上，大权在握，威武、威严，但是皇帝除了拥有至高无上的权力之外，其实也很辛苦。每天早早起来上朝，对国家重大事情进行决策，披阅奏折，参加各种重大的祭祀礼仪活动，还要学习各种知识。出于皇帝威严的考虑，龙袍宽大威武，制作龙袍的面料中包含着真金真银的金属线，各种衬里，分量也不轻，穿戴颇费时间，龙袍穿在身上并不舒服。皇帝服饰按照不同的作用，分为祭服、礼服、常服、燕居服等。

明代冕服始议于洪武元年（1368 年），当时学士陶安请制五冕，明太祖朱元璋觉得此礼太繁，除祭拜天地、宗庙用衮服，其余都不用。至洪武三年更定正旦、冬至、圣节、祭社稷、先农、册拜等也穿衮冕。《礼部志稿》卷 63 明确其式样："冕版广一尺二寸，长二尺四寸，冠上有覆，玄表朱里，前后各十二旒，每旒五彩玉珠十二，黈纩充耳，玉簪导朱缨，圭长一尺二寸。衣六章，画日、月、星辰、山、龙、华虫；裳六章，绣宗彝、藻、火、粉米、黼、黻。中单，以素纱为之。红罗蔽膝，上广一尺，下广二尺，长三尺，绣龙、火、山三章。革带，佩玉长三尺三寸，大带素表朱里，两边用缘，上以朱锦，下以绿锦。大绶六采，用黄、白、赤、玄、缥、绿。纯玄质五百首。小绶三色，同大绶。间施三玉环，朱袜赤鞋。"这个方案的冕制沿用到洪武十六年（1383 年）推出成型的冕制为止。

十二章纹是冕服的显著特点之一。冕服上古时期就有，经历魏晋南北朝，一直延续到明代。十二章纹具有国家政体，人君智慧，江山社稷之象征意义（详见本书《冕服与官服：十二章纹标等级》）。

帝王穿上绣有十二章纹的冕服，不仅仅表示他是万人之上的一国之君，他还要了解社会，体察民情，树立正气，倡导社会的和谐；他要有贤君之德，以江山社稷为重，明是非辨曲直，率领人民创造价值，社会稳健发展。为人民谋福祉，为人民谱和谐，就是一个贤能、开明、睿智君王的责任。通常情况下，十二章纹的色彩，根据典籍，大致上，山龙纯青色，华虫纯黄色，宗彝为黑色，藻为白色，火为红色，粉米为白色；日用白色，月用青色，

明代十二章纹之黻纹宗彝黼纹山纹织锦

星辰用黄色。这样就有白、青、黄、赤、黑五色，绣之于衣，就是五彩。但是到了后来，十二章纹的制作并不完全按照这个标准执行，图案历代也略有变化。

冕服的上衣下裳的搭配也有规定，多为玄衣、纁裳，上衣颜色象征天色未明，下裳表示黄昏之地。冕服的服色集天地之一统，有提醒君王勤政的用意。

皇帝其他服饰

明代皇帝服饰，除了冕服，还有通天冠、皮弁服、武弁服、常服、燕居服等，用于不同祭祀等礼仪活动中。洪武元年（1368 年）定通天冠之制。冠加金博山，附蝉十二，首施朱翠，黑介帻，组缨，玉簪导。与绛纱袍，白纱中单、皂领褾襈裾、绛纱蔽膝、白色绶带、方心曲领、白袜、赤鞋等服饰相配套。通天冠及其配套服饰在皇帝郊庙、省牲、皇太子诸王冠礼和婚礼时穿用。皇帝朔望视朝、降诏、降香、进表、四夷朝贡、朝觐、策士、传胪等典礼时则穿皮弁服。皮弁服之制的确定也在洪武元年。弁用乌纱帽，前后各十二缝，每缝缀五彩玉十二为

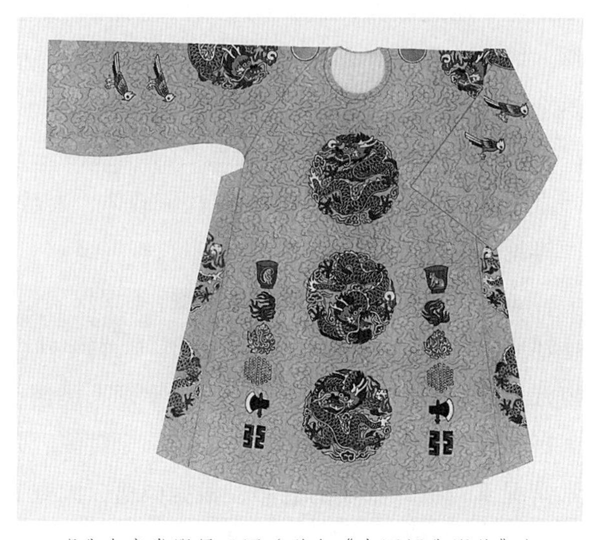
明代皇帝常服展示图（引自《中国历代服饰》）

饰，玉簪导，红组缨。其服用绛纱衣，蔽膝随衣色，革带、大带、白玉佩、玉钩艓，白袜黑鞋。洪武二十六年（1393 年）修订后，确定下来。永乐三年（1405 年）和嘉靖八年（1529 年）各有过一些补充，变化不大。

皇帝日常活动穿常服，洪武元年定其式样。头戴乌纱折角向上巾，盘领窄袖袍，束带饰有金、玉、琥珀、透犀等配饰。《明史·舆服志》记载，皇帝常服，袍用黄色，盘领窄袖，前后及两肩各织金盘龙一。《春明梦余录》又曰："用元而边缘青，两肩绣日月，前蟠圆龙一、后蟠方龙二，边加龙纹八十一。"也说绣日月而前后用蟠团龙一。袍用黄缎制，前后绣团龙十二；肩绣日、月、星、辰、山、龙、华虫六章；前身绣宗彝、藻、火、粉米、黼、黻六章。洪武二十四年，明太祖将网巾列入常服之制。

龙袍之制

龙袍的名称没有冕服那么久远，但是上古时也有龙衮之名，只是不称为龙袍。根据《周礼》记载，帝王的冕服绘绣龙形章纹，称作龙衮。而皇帝专用袍，又称龙衮，与帝王冕服的别称是一致的。因袍上绣龙纹而得名，其特点是盘领、右衽、黄色，所以，龙袍泛指古代帝王穿的龙章礼服。龙袍有多种名称，比较常见的有龙衣、龙章、龙火衣、龙服、华衮、滚龙服、衮龙袍等。因为绣有山、龙、藻、火等章纹，故曰龙火衣。

穿龙袍的明太祖朱元璋

龙袍上的各种龙章图案，历代有所变化，龙数一般为九条：前后身各三条，左右肩各一条，襟里藏一条，吻合帝位"九五之尊"。明代对于龙袍的规定严格，图案、龙数等严格执行标准，因为服饰制度到了明代趋向完备和程式化。

皇帝服饰绣有龙纹，后世俗称龙袍，其实冕服都不称为龙袍，只有常服中的一种称为龙袍。因为龙为皇帝专属纹样，龙袍是皇帝特有的服饰，统称皇帝袍服为龙袍，从大概念上说未尝不可。

龙纹专属皇家

皇帝的服饰、器物上绣有龙纹，龙纹是皇家专用为纹样，其他人不能擅用。对不同身份的皇室成员，龙纹纹样是有差别的，可见对龙袍的形制及穿戴对象，规定是非常严格的。

龙袍上织绣龙纹，根据形态不同分为行龙、云龙、团龙、升龙、降龙等名目。凡昂首竖尾，状如行走的龙纹，称为行龙；云气绕身，露头藏尾的龙纹，称为云龙。凡头部在上的，称升龙；凡尾巴在上，头部朝下的，称为降龙。根据御用服制的规定和宫廷装饰的实用要求，龙纹的姿态有着多种多样的不同表现形式，如正龙、团龙、盘龙、升龙、降龙、卧龙、行龙、飞龙、侧面龙、七显龙、出海龙、入海龙、戏珠龙，等等。圆形的龙纹统称团龙，又有正龙、坐龙之分；凡头部呈正面形象的称正龙，侧面的称坐龙。龙纹之中以正龙纹为最尊。皇帝的龙袍胸前正中位置绣一正龙，表示帝王的正统地位。亲王的龙纹一般是团龙。万历皇帝有件龙袍，上衣下裳相连，里外三层，以黄色方目纱为里，里面为绛丝。中间以绢、纱、罗织物杂拼缝制衬层。主纹饰十二章，其中团龙十二，位置前襟后身各三团龙，直行排列，上端一个为正龙，中、下部为升龙，龙首左右向；后身中下部龙的头向与前襟相反；两袖饰升龙各一，头向相对；左右两侧横摆各二团龙，上面为升龙，下面为降龙，头向中间。

在影视剧里，我们看到，明代皇帝不论在什么场合都穿着龙袍，这是错误的，不符合史实。穿戴龙袍场合是有限制的，一般在重大场合下才穿，诸如上朝、祭天、祭祖等，日常活动、休闲娱乐时，皇帝则穿其他服装，于是就有了礼服、吉服、常服、燕居之服（清代称便服）的区别。影视剧中皇帝的服饰，往往是一个模板，即以龙袍代替了皇帝的其他服饰，最明显的是表现明清宫廷的影视剧，皇帝上朝几乎都穿错了龙袍。

祭祀、朝会、吉庆等重要礼仪场合，必须穿礼服、吉服、戎服，对于服饰的用料、款式、颜色、花纹，都有严格的规定，因为皇帝及其所穿的服饰代表着一个政体的形象与威严，具有强烈的政治意义。日常生活、非礼仪活动，皇帝的服饰可以简单、随意，这种场合下，体现的是人的本性，自然、舒适显得尤为重要。因此，行服、雨服、便服的用料、款式和颜色相对较为简单和随意。相对于祭祀、朝会等重大礼仪的一般性活动，如祭祀的斋戒期、先帝生辰忌日，只是普通的礼仪，规模也小，政治性、象征性较弱，此时皇帝的服饰属于常服，兼有庄重与随意的特点。

常服就是非重大礼仪的一般性的活动事务时，皇帝所穿戴的服饰。常服是皇帝一生中穿用较多的一种服饰，也可以理解为经常穿戴、日常穿戴的服饰之意。因为皇帝的常服亦绣有龙纹，也可称为龙衣，而有别于重大活动中皇帝所穿的礼仪之服龙袍。

明洪武三年（1370年）规定，皇帝常服用乌纱折角向上巾，盘领窄袖袍，束带用金玉琥珀等。永乐三年（1405年）规定，折角向巾，因其形像“善”，命名为翼善冠；衣用黄色盘领窄袖袍，前后及二肩各有金织的盘龙纹样。

明嘉靖七年（1528年），采用古制，又制定了皇帝燕居服的标准。所谓燕居，也就是室内生活装，居家之服。皇帝在宫中，日常生活，睡觉起居，不能总是穿龙袍。皇帝也是人，抛开权力，与百姓没什么两样。燕居服采用古代的形制，玄色青缘（衣边），在两肩处绣有日月纹样，前面绣盘圆龙一条，背后绣盘方龙两条，衣边装饰龙纹八十一根。领子与袖子绣龙五条、九条，寓意九五之尊。衣内衬用深衣，素带朱里，腰围玉龙九片。

龙纹是皇家专属的纹样，其他人不能僭用。违禁是要治罪的，重则可杀头。历史上擅用、僭越龙纹事例不少。《明史·耿炳文传》记载：明初功臣长兴侯耿炳文因为服饰、器皿有龙凤图案，遭御史弹劾，惧怕皇帝治罪，畏罪自杀。可以说僭越龙纹的当事者几乎都没有好结局。很简单，腐化贪污只是个人品行、行为的污点，擅用龙纹则是对封建等级制度的挑战，是对皇权的藐视。往大了说，就是有篡位的企图，大不敬，大逆不道。

明代开国建都南京，经历两帝，即明太祖朱元璋、建文帝朱允炆。驻守北京的燕王朱棣篡位后，迁都北京。明都北迁后，政治中心转到北京，帝王服饰就很少再出现在南京了。正德年间，武宗朱厚照南巡，来到南京，帝王服饰与明朝显贵官员大到朝中一品的三公三孤（太师、太傅、太保，少师、少傅、少保）、内阁首辅的官服，再次在南京亮相。皇帝没到南京时，南京保留的六部一直在正常运转，各种官服都可以见到。

皇子诸王将军之服

除皇帝、皇后、嫔妃之外，服饰上可以使用龙纹的就是皇太子与诸王。皇太子是储君，未来的国君，其服饰形制与皇帝服饰接近，典礼戴衮冕、皮弁等礼服，燕居时穿常服。

洪武元年（1368 年）十一月，规定皇太子衮冕为九旒，每旒玉九颗，红组缨，金簪导，两玉瑱。圭长九寸五分。衮服形制为玄衣纁裳，绣九章，其中玄衣饰山、龙、华虫、火、大宗彝五章，纁裳饰藻、粉米、黼、黻四章。内穿白纱中单，黼领。蔽膝随裳色，绣火、山二章。革带，金钩觫。绶以赤、白、玄、缥、绿五彩织成，纯赤质。小绶三色同大绶，间施三玉环。大带，白表朱里，上缘饰红，下缘饰绿。白袜，赤鞋。（王熹《明代服饰研究》）

皇太子常服，戴乌纱折上巾，穿赤色袍，盘领窄袖，前后及两肩各金织盘龙一。腰系玉带，脚穿皮靴。

亲王礼服有衮冕、皮弁服，便服有常服、保和冠服。参加助祭、谒庙、朝贺、受册、纳妃等礼仪要穿衮冕。洪武二十四年（1391 年）六月，规定亲王冕服沿用旧制，但是章服、画衣、绣裳、蔽膝皆易以织文。亲王衮服与皇太子相同，只是其冕旒用五彩，玉圭长九寸二分五厘，青衣纁裳。等级上比皇太子略低。亲王皮弁服穿戴用于朔望朝、降诏、降香、进表、四夷朝贡、朝觐等活动。皇室成员之间的等级差也是非常明显的，皇太子虽然贵为皇位继承人，但是在继位前，仍然是储君，其服饰严禁用日、月、星辰纹样，皇帝与皇太子用玄衣纁裳，因为玄色乃天未明时之色，象征天意，不允许诸王使用，诸王用青衣纁裳，就是打消诸王觊觎皇位之念。不过朱元璋虽然用心良苦，可皇位的更替，并没有按照他的设计进行，皇孙建文帝朱允炆继位后不久，燕王朱棣就发动靖难之役，夺取了建文帝的皇位。明朝中期还有景泰帝取明英宗而代之。其他皇帝没有子嗣，藩王登上大宝的也有。

在诸王之下，世袭将军服饰也有等级规定。镇国将军与诸王长子服饰相同。辅国将军冠用六梁冠，带用犀。奉国将军冠用五梁冠带用金钑花，常服为大红织金虎豹。镇国中尉冠用四梁冠，带用素金，佩用药玉。辅国中尉冠用三梁冠，带用银钑花，绶用盘雕，公服用深青素罗，常服为红织金熊罴。奉国中尉冠用二梁冠，带用素银，绶用练鹊，常服为红织金彪。

皇帝与皇太子、诸王、将军们的服饰制度，明确了社会的等级制度，以及皇帝的威严，体现君君臣臣的社会伦理关系，树立了皇权神圣不可侵犯的观念。

官服：锦绣补子乌纱帽

南京是明朝建立时的都城，燕王朱棣“清君侧”后称帝，年号永乐。永乐十九年（1421年）朱棣迁都北京，南京称为留都、南都，仍然保留吏、户、礼、兵、刑、工六部之制，这在中国历史上是独一无二的。

南京的六部每部只设一个尚书、两位侍郎，行文时要署名“南京×部”字样。明朝设两京，即北京与南京，南京机构除了六部，与北京一样，还有都察院、通政司、五君都督府、翰林院、国子监等。北京所在为顺天府，南京所在为应天府，合称二京府。南京六部主要安排赋闲之人，诸如养老、被贬、被排挤，也有官员升迁以南京六部为跳板，增加做官的资历。当然南京六部的官员并非仅仅是荣誉，也有一定权力。南京管辖南直隶地区15个府3个直隶州，不设布政司、按察司、都指挥司三司，其职能由南京六部负责。南京户部负责征收南直隶及浙江、江西、湖广等地的税粮，其份额占明朝税粮的半壁江山；还负责漕运、盐引勘合，以及明代全国黄册的收藏与管理。南京兵部负责南京地区守备，管辖49个卫的兵力。管辖包括南京在内江南诸府与江北安庆府（即今江苏、上海、安徽全境）的南直隶，相当于如今的直辖市，直接对中央负责，设有应天巡抚，驻苏州，大名鼎鼎的清官海瑞就做过应天巡抚。

补服的出现

“别等级，明贵贱”是中国服饰制度形成以来最大的特点。什么人，什么身份，穿什么样的服饰，是有严格规定的，不可僭越，僭越就是违礼逾制。在影视剧中，我们经常看到官员们参加祭祀活动，上朝觐见皇帝，与同僚官员互相拜访，拜见上司，个个穿戴整齐，衣冠楚楚。有的官员着红色大袍，有的则穿绿色长袍，不要以为这是官员们凭自己的兴趣、审美习惯随意穿戴的。古代的官服有严格的制度，穿绯戴紫，披红挂绿，遵循着严格的规定。白居易在《长恨歌》里就有“江州司马青衫湿”的诗句，说的就是古代官员依官职的品级，穿着不同颜色代表品级高低的服饰。

到了明代，封建官制程序化、等级化更为严格，官服趋向完备，形成了中国官制、官服制度中最具代表性的补服。

古代官员、官服距离今天的时代，颇为久远。现实生活中，已经接触不到，人们印象中的官服，多半是从影视剧中了解的。或许读者对古代官员的补服还有些印象，文武官员身穿胸前绣着圆形或方形纹样的官服，那纹样中有的是狮子、虎豹，有的是仙鹤、锦鸡。这个补服是明清时期官员的制服，并不是中国封建社会其他时期官员的制服。历朝历代的官服有区别，但是说补服是中国古代社会最具代表性的官服，未尝不可。补服之所以文官绣禽、武官绣兽，也是有讲究的。

绣在补服上那个圆形或方形的东西，叫补子，补子是官员等级差别的标志。补子、补服溯源，必须说到“衣冠禽兽”这个成语。它通常被认为含有贬义，比喻品德极坏、行为像禽兽一样卑劣的人。但在明代中期以前，衣冠禽兽却是一个令人羡慕的词语，本为褒义。因为在唐代武则天执政时期，对于官员的服装有过一些规定，通常在常服上绣一些山水、动物的纹样。武则天天授元年（690 年），赐绣有山形的图案袍服给都督刺史，山的周围绣有十六字铭文：“德政惟明，职令思平，清慎忠勤，荣进躬亲。”以此告诫都督刺史清正廉明，此后成为惯例，凡是新任命的都督刺史都赐此袍。两年后，武则天又赐文武百官三品以上者此种袍服，除了山形图案之外，又绣上了动物图案，依照品级的不同，动物图案有所不同：诸王是盘龙和鹿，宰相是凤，尚书是对雁，古六卫将军是对麒麟、对虎、对牛、对豹等。这种制度，一直沿袭到五代。

戴乌纱帽穿补服的明代官吏

到了明代，官员的袍子上绣图案，文官绣飞禽，武官绣走兽，即“文禽武兽”。禽兽是官服补子的图案，不同的禽兽图案（补子）代表不同级别的官员，用禽兽表示官员只是一种通俗的褒奖说法。后来，“衣冠禽兽”演变成贬义词，则指某些官员道德败坏，禽兽不如。

明代补服的等级差别

明代官员服饰有祭服、朝服、公服、常服，其中以常服最有代表性。洪武三年（1370 年）规定官员视事穿常服，戴乌纱帽，团领衫束带。公、侯、伯、驸马、一品用玉带，二品用花犀带，三品用金钑带，四品用素金带，五品用银钑带，六品、七品用素银带，八品、九品用乌角带。洪武二十四年（1391 年）规定，常服用补子分别品级，因此常服又称为补服。此时，祭服、朝服、公服仍然存在，也有相应的等级规定，但是常服用补子来标识官员的品秩渐渐成为官服的主流。补服就是明清时期在服饰的前胸及后缀，用金线或彩丝锈成的图像徽识（补子）的官服。

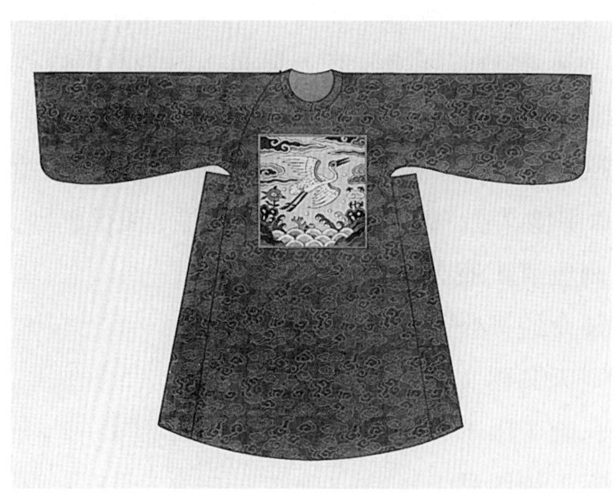

明代文一品补服展示图（引自《中国历代服饰》）

朱元璋建立明朝以后，集历代专制统治之大成，实行了一套有史以来最完备的统治制度，强化皇帝的专制权威，龙成为明代皇帝独有的徽记，威权的象征。洪武二十四年定常服用补子分别品级，文官绣鸟，武官绣兽。何以用鸟兽为徽识？道理很简单，既然皇帝以龙为代表，文武百官自然该以禽兽比拟，方好“百兽率舞”了，于是，文臣武将只能以一种特定的动物为标志，把它绣在前胸及后背上的两块织锦上。

明代补服类袍，盘领右衽，长袖施缘。《明史·舆服志》《明会典》规定，明代补子图案：公、侯、驸马、伯，绣麒麟，白泽。文官，一品绣仙鹤，二品绣锦鸡，三品绣孔雀，四品绣云雁，五品绣白鹇，六品绣鹭鸶，七品绣㶉鶒，八品绣黄鹂，九品绣鹌鹑，杂职未入流绣练鹊。武官，一品绣麒麟，二品绣狮子，三品绣虎，四品绣豹，五品绣熊罴，六品七品绣彪，八品绣犀牛，九品绣海马。以上规定的补子纹样，到了明代中期及后期，文职官吏尚能遵守，有不遵循其制度的，武职品官，后期补子概用狮子，也不加禁止。麒麟补子原为公、侯、伯、驸马、一品武官专用，后来锦衣卫至指挥、佥事而上也有用麒麟补子者。明武宗正德年间，滥用麒麟补子，甚至波及中低级官员。这实际是朝代纲纪紊乱的结果。至嘉靖、崇祯年间，又重行申饬，禁止僭越官职品服。

明代第六代魏国公徐俌麒麟服

此外，明代尚有葫芦、灯景、艾虎、鹊桥、阳生等补子，乃是在品服之外的一种补子，是随时依景而任意为之的。

赏赐之服蟒衣

明代还有一种赐服：曳撒服。永乐以后，曳撒服成为宫廷宦官和皇帝随从文武官员的燕居之服。曳撒上如绣有蟒纹，为显贵服饰。《明史·舆服志》记载："赐蟒，文武一品官所不易得也。"山东邹县出土的织金缎子蟒纹袍，就属于曳撒服。

蟒服是明清时期文武官员的一种礼服，因绣有蟒纹而得名。明代称蟒衣，清代称蟒袍，笔者在拙著《中国服饰画史》中首次将两者归纳为蟒服。

蟒服是一种仅次于龙袍的显贵之服，原因在于蟒纹近似龙纹。龙在中国古代有着特殊的地位，它不是现实生活中存在的动物，而是人们臆造出来的一种通天神兽。西汉以降，龙的祥瑞渐渐为后人利用。龙，终于成了皇帝的象征。至明代龙纹成为皇帝的专用图案，因施之于官服的蟒，形态类似龙，顺理成章地就成为次于龙纹的显贵图案。明人沈德符在《万历野获编》补遗卷2中指出："蟒衣为象龙之服，与至尊所御袍相肖，但减一爪耳。"明代的蟒衣，最早是供皇帝近臣服用的，《明史·舆服志》记载：“永乐以后，宦官在帝左右，必蟒服，制如曳撒，绣蟒于左右，系以鸾带，此燕闲之服也。”蟒衣是显贵之物，非特赐不可服，高官也轻易不可得。英宗正统年间，曾以蟒衣“赏虏酋（海外人士）”。内阁赐蟒衣，始于弘治年间，明人余继登《典故纪闻》卷16记载：“内阁旧无赐蟒者，弘治十六年（1503年），特赐大学士刘健、李东阳、谢迁大红蟒衣各一袭，赐蟒自此始。”大帅赐蟒，始以尚书王骥（王骥后为吏部尚书，人约在宣德、正统朝之后），后来，戚继光以平倭功绩而得赐蟒衣。

古代服饰有严格的界限，什么人在什么场合下穿什么服饰极为讲究，不可僭越。至明代这种服饰等级制度更趋严格，僭越要治罪，轻则罚俸、失官降职，重则掉脑袋。对蟒衣的禁忌更是如此，《万历野获编》记载：“正统十二年（1447年）上御奉天门，命工部官曰：官民服式，俱有定制。今有织绣蟒、飞鱼、斗牛违禁花样者，工匠处斩，家口发边卫充军；服用之人，重罪不宥。”天顺二年（1458年），定官民衣服不得用蟒、龙、飞鱼、斗牛、大鹏、像生狮子。《明史·舆服志》记载：“弘治十三年（1500年）奏定，公、侯、伯、文武大臣及镇守、守备，违例奏请蟒衣、飞鱼衣服者，科道纠劾，治以重罪。”

明中叶以降，尤其在武宗正德年间，传统的礼制与服饰“别等级、明贵贱”的制度受到冲击。正德十三年（1518年）明武宗巡游之后返回京师，向接驾的群臣，赐以斗牛、飞鱼、蟒衣等显贵服饰，甚至不限品级。武宗虽贵为天子，却不拘礼节，视“君君臣臣”伦常如儿戏，演出了一幕幕荒唐的闹剧。笔者以为正德朝是明代服饰制度最为宽松的年代，这与武宗的倡导密切相关。正德年后朝廷又重新申饬服饰的禁忌。

官职的象征乌纱帽

乌纱帽是中国古代官员的代表性官帽。我们今天说官职，往往以乌纱帽代之，诸如丢了乌纱帽（丢了官职）、摘取乌纱帽（免去官职）。

黑色纱罗制成乌纱帽在魏晋时期就已流行，通常做成桶状，戴时高竖于顶。《晋书·舆服志》记载：“成帝咸和九年（334年）……二宫直官着乌纱帢。然则往往士人宴居皆着帢矣。而江左时野人已着帽，人士亦往往而然，但其顶圆耳，后乃高其屋云。”乌纱帽在魏晋时，尚不是官帽，只是文人雅士对此钟情，可以表示他们高逸情怀的一种休闲的帽子。

乌纱帽成为官帽，始于隋代。《隋书·礼仪志》：“开皇初，高祖常着乌纱帽，自朝贵以下至于冗吏，通着入朝。”因为隋文帝杨坚喜欢戴乌纱帽。上有喜好，下必效仿，官员们也戴起了乌纱帽，不分官职高低，戴着乌纱帽上朝。数百号官员都戴着同样的乌纱帽，在朝会上相遇，场面颇为壮观。

隋唐以降，到了五代、宋代以及元代，乌纱帽一直沿用，但是并不是主要的冠帽。这几个朝代的乌纱帽波澜不起，似乎在等待时机，东山再起。

乌纱帽

以乌纱帽代表官职，流行于明代。明人田艺蘅《留青日札》卷22记载：“洪武改元，诏衣冠悉服唐制，士民束发于顶，官则乌纱帽、圆领、束带、皂靴。”这时的乌纱帽经过改制，以铁丝为框，外蒙乌纱，帽身前低后高，左右各插一翅。文武官员上朝着朝服，头戴乌纱帽，成为官服的固定搭配。洪武三年，文武官员上朝视事，着公服，其构成为乌纱帽、圆领衫、束带。另外，还规定已经取得功名而未授官的状元、进士等，也可以戴乌纱帽，从此乌纱帽就成为官员特有的标志性服饰了。乌纱帽被指定作为官帽开始于明代，也结束于明代。因为清朝统治者入关以后就废除了以前的冕服制度，官员的乌纱帽也换成了红缨帽。

南都的官服

朱棣迁都北京之后，南京六部建制仍然保留，依然是南方的政治、经济、文化的中心，在文化方面的影响甚至超过京师北京。明代的南京称为南都，可见南京在明代地位之重要、影响之巨大。

历史上大名鼎鼎的清官“海青天”海瑞、剧作家汤显祖都与南京颇

海瑞忠介公像

有渊源，他们皆曾经在南京为官。

海瑞是海南琼山人，嘉靖二十八年（1549年）举人，嘉靖三十二年（1553年）会试落榜，是年41岁，由吏部分配至福建南平县做教谕，开始了他的仕途生涯。海瑞以性格狷介、清正廉洁著称，日常收入除俸禄外，其他官府财产、百姓钱财，丝毫不侵，也不许下属搜刮民财。做户部云南司主事时，上《治安疏》，文辞率真，刺到皇帝痛处，以六品小官敢于上书"骂"嘉靖皇帝，成为当时震惊全国的一件大事。为此被下狱10个月，在嘉靖皇帝驾崩，穆宗继位后才被放出来复职。隆庆元年（1567年）十一月升任南京通政司右通政，官阶正四品；隆庆三年六月升右佥都御史总理粮储提督军务兼巡抚应天等府，管辖应天（南京）、苏州、常州、镇江、松江、徽州、太平、宁国、安庆、池州等十府及广德州，还兼理浙西杭、嘉、湖三府税粮，简称为应天巡抚。（李锦全《海瑞评传》）

应天巡抚名为巡抚，其实是监察御史的职务，兼有管理粮食、税收的责任，管辖十多个府，权力也不能算小。官阶正四品或从三品，但是所穿补服并不按照文官三品绣孔雀、四品绣云雁来执行，而是按照风宪官（即御史）特定的图案执行，补子绣獬，即獬豸。御史官有高低之分，高的从一品，与六部尚书同官阶；低的八品，比七品县令还低，但是御史的补子不分官阶高低，都绣獬豸。

海瑞在应天巡抚任上一年多，因得罪权贵，被免职，隆庆四年离职回乡，"候用"了16年，一直到万历十三年（1585年）正月才被任命为南京右佥都御史。五月海瑞再次来南京吏部任职，此时"海大人"已经是古稀之年，由于南京吏部尚书毕锵已上北京任户部尚书，新任尚书尚未到任，海瑞代行部务，也就是主持南京吏部尚书工作。北京六部尚书从一品为仙鹤，南京六部尚书低一级，二品绣锦鸡，但是海瑞的身份仍然是御史，补服不变，补子也不变。代行部务，只是暂时负责，职位、官阶都没有变化。两年后的万历十五年（1587年）十月十四日，他在南京右佥都御史职位上去世。

明代妆花都御史獬豸补子

汤显祖在南京的时间比海瑞长。万历四年（1576年）汤显祖进南京国子监游学，万历十一年（1583年）考中进士。万历十二年七月，汤显祖出任南京太常博士，官阶正七品，主管祭祀礼乐。万历十四年汤显祖的老师罗汝芳来南京讲学，汤显祖等门生陪同老师在城西永庆寺聚会。万历十七年汤显祖升任南京礼部祠祭司主事，六品官。其补子由七品绣鸂鶒，更换为六品鹭鸶。

在明代南都南京任职六部等机构的官员，知名人士不少，有的后来升至高官，他们在南京留下了足迹，也留下了明代官服的印记。

铁甲：糅入潮元素

明代军戎服饰的形成是在与元代战斗中逐步完善的。元朝政府对汉人、南人欺压的加重和民族歧视，加剧了社会矛盾。至正十一年（1351年）四月二十二日，汴梁、大名十三路民夫15万人，广州等地戍军2万人，从黄陵冈南到白茅口、西到阳青村，开河280里，把黄河勒回旧道。韩山童派人四处散布童谣：“石人一只眼，挑动黄河天下反。”又暗地里凿了一个只有一只眼睛的石人，悄悄地埋在黄陵冈的路中，民工开挖时正好挖到，由此发动了推翻元朝统治的起义，因为起义军头上都包裹一块红布，称为红巾军。

穷困潦倒、饥寒交迫的小和尚朱元璋在至正十二年闰三月初一，来到濠州城下，参加了郭子兴的义军。朱元璋体格强，肯动脑，记性好，有计谋，善决断，不贪功，会用人，很快脱颖而出，得到郭子兴的重用。郭子兴死后，朱元璋成了元帅，领导郭子兴旧部和他自己的亲随部队。

军服由混乱到统一

至正十六年（1356年），朱元璋率领红巾军攻克江南重镇集庆路（今南京），改名应天府，应天府成为朱元璋的根据地。至正二十四年正月，朱元璋自称吴王，设置百官，以李善长为右相国，徐达为左相国，常遇春、俞通海为平章政事。

原先朱元璋部队的军服并没有统一，穿得五颜六色，只是用红布做记号。交战中，尤其是近战，与对方厮杀在一起，很容易混淆导致误伤。做了吴王后朱元璋意识到统一军服的重要性，开始规范军服。将士战袄、战裙、战旗一律用红色，头戴阔檐红皮壮帽，插“猛烈”二字小旗。攻城时系拖地棉裙，箭矢不易射入。（吴晗《朱元璋传》）

虽然此时朱元璋仍然隶属韩林儿，但只是名义上的部属，因为朱元璋势力已经很大，有了独立性。韩林儿诈称宋徽宗后人，至正十九年被刘福通立为皇帝，国号宋，年号龙凤。韩林儿死后，朱元璋逐渐整合红巾军残余势力，并与陈友谅、张士诚、方国珍以及元军作战。

至正二十七年（1367 年）冬天，其他红巾军势力除了地处四川的夏国之外，都被朱元璋消灭了。非红巾军势力的张士诚被消灭，方国珍投降。针对元朝大军兵分两路，北面由徐达、常遇春率领北伐，南面由汤和、廖永忠率领，两路大军气势如虹，势如破竹，江山一统指日可待。至正二十八年，朱元璋在应天登基称帝，国号明，年号洪武，是为洪武元年，以应天为京师。

建立大明王朝之后，朱元璋采取各种措施强化中央集权统治。中央机构设置最初沿袭元朝制度，洪武十三年（1380 年）胡惟庸案发后，废丞相不设，使吏、户、礼、兵、刑、工六部直隶于皇帝，并且规定后代不得再置丞相。明初设大都督节制中外诸军事，但是因为权力太大，后废除，改设前、后、左、右、中五军都督府分掌全国各卫所，并使其与兵部分权。兵部有出兵之令而无统兵之权，五军都督府有统兵之权而无出兵之令，军权由此被分割。

明代军队仿唐代府兵制，参照元代军制，实行卫所制度。卫所遍布全国各地，大抵 5600 人为一卫，1120 人为一千户所，112 人为一百户所。南京东郊有地名孝陵卫，当年是拱卫朱元璋陵寝孝陵的部队驻扎地，因此留下了地名。明代军队早期有 180 万人左右，后来边防多事，兵力持续增加，永乐中期全国兵力已达 280 万人之多。

明代军队除了传统的步兵、骑兵之外，又有了战车和炮兵两个新兴兵种，此外还有水军，其战船与战斗力都有所发展。

明代军服在前期作战中，已经形成制度与风格。等到大明王朝建立，制定舆服志，对军服进行梳理，使其制度化、程式化，与文官的服饰制度是对应的。

将士作训服甲胄种类多

明代军戎之服分为实战盔甲、战袍与礼仪铠甲两类，用于不同的场合。前者是作战时的戎服，后者是礼仪活动中的仪仗戎服。两者有相同之处，也有相异之处。款式基本相同，制作上前者是作战时的实用服饰，在强度、坚固度方面都很到位，后者是礼仪时穿戴，轻便适体美观是第一要素，

明代武士复原图（引自《中国古代军戎服饰》）

即形式比实用更重要。

作战时的戎服也有作战与礼服两个类别。前者以铠甲为主，其分量很重。《明会典》记载：洪武十六年（1383年）令造甲，每副，领叶三十片，身叶二百九片，分心叶十七片，肢窝叶二十片，俱用石灰淹裹软熟皮穿。浙江沿海，并广东卫所，用黑漆铁叶、绵索穿，其余俱造明甲。二十六年（1393年），令造柳叶甲、锁子头盔六千副，给守卫皇城军士。弘治九年（1496年），令甲面，用厚密青白棉布。钉甲，用火漆小丁。又定青布铁甲，每副用铁四十斤八两。造甲，每副重二十四斤至二十五斤。《客座新闻》中记载的铠甲分量更重：“各边军士役战，身荷锁甲、战裙、遮臂等具，其重四十五斤，铁盔、铁脑盖重七斤，顿项、护心、铁护胁重五斤。”一副铠甲用铁甲片数百，分量40斤以上。这样笨重的铠甲，也只有在两军对垒、冲锋陷阵时才穿。

武官非战时，上朝等活动时还要穿军戎礼服。明代武官服饰制度中的补子，是应用于军戎礼服之上的。

明代武官官服的等级制度，在于补服的补子，文官补子绣禽，武官绣兽。武官一品至九品，分别为麒麟、狮子、虎、豹、熊罴、彪、犀牛、海马等。明代军戎服饰则沿袭了唐代窄袖宽袍、宋代短后衣、缺胯袍的形状，也吸纳了元代质孙衣的特点。明代将质孙衣改制成曳撒服。永乐以后，曳撒服成为宫廷宦官和皇帝随从文武官员的燕居之服。

明代武官军戎服饰，前期与后期是有区别的。前期将帅与低级军官不同。将帅军戎服，形制如同唐代的窄袖宽袍，袍子无领、无扣、右衽，裹襟与外襟在前身重叠时大幅交叉，以勒帛和腰带在胸前和腰部系束，戴巾或幞头。这种军戎服多为品级较高的将帅服用。低级军官军戎服，短后衣与缺胯袍，衬于铠甲内，服短后衣穿铠甲，一般只穿身甲和腿裙，戴凤翅盔、幞头、巾、小冠。后一种军戎服，也是侍卫、依仗的服饰。（刘永华《中国古代军戎服饰》）

南京明孝陵武士铠甲像

《明会典》记载：明代甲胄种类有齐腰甲、柳叶甲、长身甲、鱼鳞甲、曳撒甲、圆领甲等。多数甲以钢铁为材料。明初的铠甲以北宋铠甲为形制，还采用了唐代、五代的式样。

明代军戎服装比较完备，自上而下有铁盔、身甲、遮臂、下裙、卫足。多以钢铁为之，坚固耐用。根据《中国兵器史稿》记载：明代的上体甲衣有两种，一种是直领对襟式，类似清代的马褂式；另一种是圆领，非大襟式，类似近代的卫生衣。明代大铠较之宋甲有增删演进，前胸出现了护心镜装置，即在前胸正中部位佩戴金属制成的圆形护具，增加胸部的抗冲击性。对于护心镜的名称，很多读者会有印象，在评书中，经常可以听到两军交战中，兵器打到对方护心镜的桥段。

护心镜内里的束甲绦多用丝棉帛带，这样束甲绦与腹下宽大的圆形腹甲形成互相连接的一个保护系统，因此明代甲胄较之于前代在胸腹部的保护上更进一层。

明代的头盔很丰富，品种（名称）甚多。《明会典》记载的头盔主要有：抹金凤翅盔、六瓣明铁盔、八瓣黄铜明铁盔、四瓣明铁盔、摆锡尖顶铁盔、水磨铁帽头盔、水磨铁锁子护项头盔、镀金宝珠顶勇字压缝六瓣明铁盔、黄铜宝珠顶六瓣明铁盔、红顶缨砂红漆铁盔、青纻丝顿项青棉布衬盔，等等。从名称可以知道盔甲的制作材料与造型。

明代臂膊

明代已广泛使用锁子甲。锁子甲的名称，读者也较为熟悉，古代战争的章回小说中都曾说到。锁子甲，又叫连环甲、环锁甲，后世话本中的“锁子连环甲”说的就是它。这是用数千个铁环上下左右互相勾连而成的软甲，最大的优点是轻便坚固，锁子甲防护效能要胜过其他品种铠甲，有着无可比拟的柔韧性，而且分量减轻。

汉代就出现了锁子甲，但是没有普及，一直到元代才渐多。到了明代，锁子甲被广泛使用，普通士兵也配有锁子甲。明代有一种铁网甲，不再是环环相扣，而是网状连接，来源于蒙古人改良的锁子甲。在形制明代锁子甲上回归中国传统甲衣风格，环与环不再无限延伸为一件整衣，而是平面地构成一个个方块部件，附着在一块块甲衬上，形成甲衣的单元，组合成整套铠甲，其部件有披胳膊、胸甲、腹甲、背甲、腿裙等。明代的锁子甲由前代延续而来，但是由于制作工艺较之于前代先进，同样是钢铁打造，分量却比前代轻便。

布面甲得以推广

明代是重型甲和轻型甲地位交替的时期。重型甲穿着笨拙，不便于实战，逐渐被淘汰。轻型甲——绵甲应运而生。绵甲材料柔软、轻巧，在其表面缀有大量的铜甲泡和铁甲泡，因此轻便，灵巧，沾湿后还可以抵御初级火器的射击。

明代火器在战斗中的作用、威力越来越大，铠甲尽管对身体部位相对完善，但是以前一直轻视的面部在火器攻击下，往往容易受伤，这时候专门用来保护脸部的布面甲得以推广，成为军队的主要配甲。此外还有保护腋下的腋甲，保护咽喉部的兽口状护喉。

明代的布面甲从元代继承而来，制作方法分为两种，一种以布为面里，中间缀以铁甲，表面钉甲钉；另一种称绵甲，《涌幢小品》卷 12 记载：

“绵甲以棉花七斤，用布缝如夹袄，两臂过肩五寸，下长掩膝，粗线逐行横直。缝紧入水浸透取起，铺地，用脚踹实，以不胖胀为度。晒干收用，见雨不重，熏黰不烂。”绵甲虽然以棉布为之，但是经过特殊工艺处理，其抗冲击性还是挺强的，鸟铳都不能击穿。

明代六瓣盔

比布面甲更为轻便的是罩甲。罩甲出现于明代正德年间，也分为两种：一种用甲片编成，形如对襟短褂，有腿裙而无披膊；另一种纯用布为里面，中间不敷甲片。明代已经有面甲出现，其中两款分别叫金貌脸和龙鳞脸，前者用铜铸造成面具，面具上彩绘，里面衬棉；后者用牛皮为面具，外镶铜鳞片这两款面甲都是中低级军官使用的。

铁甲糅入潮元素

铠甲的重是为了增加抗冲击力，保护性更强，但是在分量不轻、安全保护的前提下，明代的铠甲在设计、制作中也有所时尚化。通过一些领子的设计、变化，体现铠甲的时尚元素，例如潮味十足的“V字领”、镂空式护耳等。2006年，在南京将军山沐昂墓出土了一套铁质盔甲，其形制完整，有头盔、护耳，护颈、身甲，胸甲、腿甲等九部分，从上到下“全副武装”。保护躯干部分的由身甲、胸部加强甲、前甲构成，其中身甲的覆盖面积最大，用于保护胸腹、两肋和背部。盔甲的主人沐昂是明代黔宁王沐英的第三子，爵位为定边伯。出土时，盔甲摆放在墓室内石祭台上，被一层淤泥包裹，部分盔甲散落在祭台下方。铁甲有345片，经过南京市博物馆专家分类，甲片分为48类、54种样式。经过半年的研究，散落的盔甲得以复原。

这套铁甲有九部分组成，自上而下，依次是兜鍪、护耳、护颈、肩甲、身甲、胸部加强甲、前甲、胳臂甲、腿甲。保护躯干部分的由身甲、胸部加强甲、前甲构成，其中身甲的覆盖面积最大，用于保护胸腹、两肋和背部。领口部分则设计成潮味十足的“V 字领”，以方便头颈部位活动。两片加强甲位于身甲领口两侧，用来保护胸部至颈部的薄弱环节。前甲的位置在身甲正下方，形状呈倒梯形，起到保护的作用。肩甲、臂甲和腿甲均为长方形，这些甲片根据肩、手臂、腿的形状进行了相应的弯曲，有一定弧度，以便穿戴时与身体服帖。

明代铠甲颇具时尚元素的设计，不仅仅是美观的需要，更多的是增加战斗中的灵活性、机动性，以及舒适性，才能提高战斗力，并产生保护将士身体的功效。军戎服饰中时尚元素的渗入，另一个方面也是展示军威的需要，让将士们在战斗中，甚至检阅中更能体现军容风气、精神风貌，提高将士乃至观看者的荣誉感。

明代以前，铠甲的穿孔和编连方式较为简单，大都是在甲片的一角或一侧开孔，然后用绳线串联固定。而沐昂墓铁甲采用的是四角开孔、重叠编连的设计：每个甲片的四角都要用绳线串联两次，甲片之间的连接处会有部分重叠，这种“无缝设计”大大提升了铁甲的防护性能，整体结构也更加紧密牢固，不易脱落。

铁甲的护耳也设计的巧妙在耳部位置，别出心裁采用了镂空设计。通常护耳的设计是一块拼接的甲片垂贴在耳部，这会影响穿着者的听觉。沐昂的盔甲在护耳部分别出心裁地采用了镂空设计，以“米字形”的圆形花纹作为装饰，既美观又不影响听觉。

明代的铠甲其坚固性在中国甲胄史上处于巅峰，甲片有了很大的改进，原先平面薄片的甲片，变成了立体尖锥形，这样不仅增强了硬度，更拓展了空间，对重兵器锤击也有抵御能力。锁子甲中环环相扣的编织方法，被钢丝网状编织的方法所代替，不仅更加牢固，也相对柔软。

铠甲色彩丰富

说到铠甲，大家会想到“朔气传金柝，寒光照铁衣”的诗句，战争的残酷，而且铠甲多以铁、铜金属材料制作，似乎铠甲就是冰冷、黑暗的颜色，由此带来暗淡忧伤的情调，其实中国古代的铠甲还真的不是冷冰冰的颜色，色彩非常丰富。

明代的铠甲以金、银、黑色为主，明洪武初年，守边军士着棉袄，旗手、卫军、力士都穿红绊袄，这种战袄有红、紫、青、黄色四种服色，作为军士不同兵种（职能）的区别。后期的绵甲以缎布为之，色彩较多，有青布甲、黄罩甲、青白棉布甲，盔、巾的颜色多种多样，色彩丰富，尽管幞头仍是黑色，戎服以红色为主，有红笠军帽，如正德年间设东西两官厅，都督江彬戴红笠。《明史·舆服志》说，戎服因“武事尚威烈，故色纯用赤”，间以紫、青、黄、白等作为配色。也就是说明代的军戎服饰有一个主色调，而配色甚多，并不局限于黑、红色。绵甲也好，铠甲也罢，都可以辅以其他的颜色，不同材料制作的军戎制服，可以有不同的色彩。多样色彩的铠甲，在军队检阅时，可呈现美观的效果，壮军威；在战场上排兵布阵，激烈交战时，也便于指挥。

铠甲在阳光照射下，呈现金灿灿的光泽，红旗漫卷，号角阵阵，厮杀一片，可见战斗的惨烈。如果从视觉上审视，战斗中五颜六色军戎之服，与铠甲金光灿灿，兵器的寒光凛冽，互相辉映，难道没有炫目的美感吗？

明代很重视军事检阅和礼仪仪式，有专门的礼仪铠甲。检阅军队或进行礼仪展示时，从事仪卫活动的侍卫官戴凤翅盔、锁子甲，锦衣卫将军戴金盔甲，将军着红盔青甲、金盔甲、红皮盔戗金甲和描银甲。将军、锦衣卫都腰悬金牌，持弓矢、佩刀，执金瓜、叉、枪（周锡保《中国古代服饰史》）。礼仪铠甲色彩鲜艳，形式多样；兵器瑆光瓦亮，在阳光下闪着金光、银光；将军、军士，仪表堂堂；其气势壮阔，威风凛凛。

冠帽：折角纱巾一统帽

古代男子二十弱冠，女子十五及笄，戴冠表示进入了成年，类似成人礼。冠是硬质的礼仪用帽；帽在礼仪方面逊于冠，佩戴相对随意些；巾是软质的帽子，形制多样，变化多端，随意性大。本来巾是软质，多为庶民所用，后来隐居士人也都用巾。东汉末年，王公大臣开始喜欢上随性的巾子，以遮挡头部缺陷，并表现洒脱的个性。文人雅士，注重个性，更是喜欢彰显风流倜傥、飘逸情调的巾子。陶渊明好饮酒，摘下巾子用来漉酒（过滤酒中杂质），苏东坡戴的巾子被命名为东坡巾。由宋及元四百年间，扎巾习俗经久不衰。

明代巾的多变

巾在明代的名称有些混乱，而且品种特别多，式样变化快。

巾与帽是一个类别，巾是软质，帽是硬质，但是巾与帽时常称谓混淆，被称为巾的，未必是软质。明人李时珍《本草纲目·服器》记载：“古以尺布裹头为巾，后世以纱、罗、布、葛缝合，方者曰巾，圆者曰帽，加以漆制曰冠。”戴帽、冠比较正式、严肃，扎巾则随意、方便。但是巾与帽，常常混淆，如东坡巾、浩然巾、四方平定巾，名为“巾”，实为“帽”。

明代初定天下，文人士子流行戴巾，由此成为一种时尚，以致明代的巾子为历代品种最多，个性较为鲜明的有四方平定巾（方巾）、飘飘巾、四开巾、四方角巾、纯阳巾、华阳巾、雷巾、儒巾、万字巾（卍字顶巾）、凌云巾、玉台巾、进士巾、金钱巾、高淳罗巾、明道巾、玉壶巾、褊巾、桥梁绒巾（过桥巾）、凿字巾、披云巾、老人巾、网巾、二仪巾，等等。

明代的巾，有继承前代的，也有当朝创制的。前者如唐巾、晋巾、席帽、万字巾、东坡巾、折角巾、华阳巾、二仪巾等，后者有网巾、飘飘巾、儒巾、四方平定巾、老人巾、缣巾、阳明巾、金钱巾、凌云巾、六合一统帽（瓜拉帽）、瓦楞帽、边鼓帽等。

巾式样多，变化也大，不同时期巾的形制时常变化。换言之，巾紧随时代，追逐时尚，体现各时期社会的审美倾向。明人徐咸《西园杂记》记载："巾帽之说，成化以前，予幼不及知。弘治间，士民所戴春秋罗帽、夏鬃帽、绉纱帽、冬毡帽、纻丝帽，帽俱平顶，如截筒。正德间，帽顶稍收为桃尖样。其鬃帽又有瓦棱者，价甚高。初出时，有四五两一顶者，非贵豪人不用。嘉靖初年，士夫间有戴巾者。今虽庶民，亦戴巾矣。有唐巾、程巾、坡巾、华阳巾、和靖巾、玉台巾、诸葛巾、凌云巾、方山巾、阳明巾，制各不同。闾阎之下，大半服之，俗为一变。"徐咸概述了明初到明中期巾制的变化。

一统江河需要四方平定

在影视剧中经常可以看到明人系一种网状的扎巾，尽管影视剧对于服饰的再现并不准确，但是大体还是表现了明代的服饰。这种网状的巾，称为网巾，是明代很具代表性的巾，在百姓中流行甚广。网巾，也称网子，为明代成年男子的束发之物。通常以黑色丝绳、马尾或棕丝编织而成，亦有用绢布制成者。万历年间转为人发、马鬃编结。明代男子家居时可以只戴网巾，外出时则要在网巾上加戴帽子，否则便显得失礼。不过，明代小说中的乡绅耆老也颇多在交际场合只戴网巾者。

王三聘《古今事物考》记载："古无此制，故古今图画人物皆无网。国朝初定天下，改易胡风，乃以丝结网，以束其发，名曰网巾。"由于网眼较粗、罩在头上透气、脱卸便捷、制作成本低廉，深得百姓欢迎。民间男女调情有时以"网巾"为题："网巾好，好似我私情样。空聚头，难着肉，休要慌忙，有收有放。但愿常不断，抱头知意重，结发见情长，怕有破绽被人瞧也，帽子全赖你遮藏掩。"

网巾的流行，相传为明太祖洪武初年所倡。明人郎瑛《七修类稿》卷14记载："太祖一日微行，至神乐观。有道士于灯下结网巾。问曰：'此何物也？'对曰：'网巾，用于裹头，则万发俱齐。'明日，有旨召道士，命为道官，取巾十三顶颁于天下，使人无贵贱皆裹之也。"

网巾是明代成年男子用来束发的网子，没有明确等级区分，大家都争相使用，皇帝也使用。网巾佩戴贯穿明代，不过明中后期，在网巾的

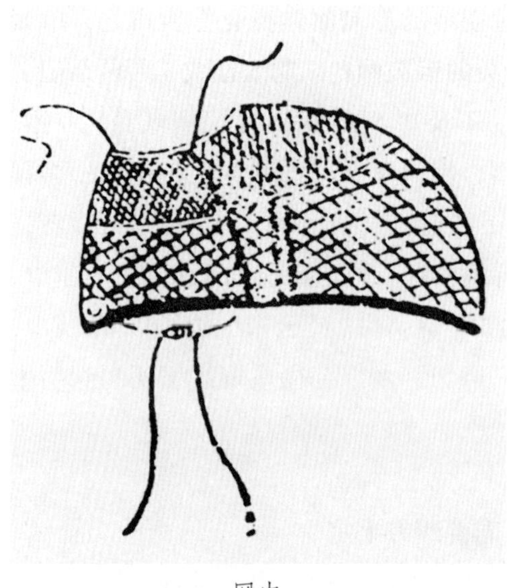
网巾

系绳珠玉上多多少少体现出品级，《辽海丛书》记载：“以网巾系绳之圈为别，三品用玉，二品用金，一品则用圆玉。”

网巾的造型类似渔网，网口用布帛作边，俗称边子。边子旁缀有金属制成的小圈，内贯绳带，绳带收束，即可约发。在网巾的上部，亦开有圆孔，并缀以绳带，使用时将发髻穿过圆孔，用绳带系栓，名曰“一统江山”；大约在明代天启年间，又省去上口绳带，只束下口，名“懒收网”。明亡后，其制废。

热播电视剧《女医明妃传》中人物大量使用网巾，明英宗朱祁镇、景泰帝朱祁钰都喜欢戴网巾，戴网巾成为社会的流行时尚。明初的皇帝、亲王确实也使用过网巾，但其身份特殊，除了随意自由的网巾，他们还有冕冠、通天冠等与之配套的冕服、常服、弁服。因为身份尊贵，更多时候是参加各种典礼，穿着庄重是最重要的。网巾属于随意之服，归为燕居服，而皇帝、亲王的燕居生活，很少与平民接触，帝王微服私访并不普遍，影视剧、小说中的微服私访，属于文学故事，不能当真，也不可认为是帝王们普遍的行为，实在是少之又少。

服饰是身份、地位的象征，小官员穿戴或许可以随意些，而皇帝、亲王的身份太高，日常生活不会像普通人那样，不是他们不想随便，而是他们的身份不允许。有人说皇帝、亲王也是人，为什么就不能戴网巾？在宫中寝室也未必有太多限制，但是走到哪里都戴网巾显然不合适，应当依据环境、场合、事情的不同而区别对待，搭配不同的官帽（巾子）。

明太祖对网巾流行有倡导之功，他对服饰非常重视，大明建立之初，就特别留意服饰的教化作用。四方平定巾的定制据说也与明太祖有关。

方巾又称四方平定巾、民巾、黑漆方帽。明代儒生所戴的方形软帽，

四方平定巾对襟袍（引自《明清肖像画》）

以黑纱为之，可以折叠，展开时四角皆方。巾式有高有低，因时而异。明末其式变得更高，有“头顶一个书橱”之形容。《七修类稿》卷14记载：“今里老所戴黑漆方巾，乃杨维桢入见太祖所戴。上问曰：‘此巾何名？’对曰：‘此四方平定巾也。’遂颁式天下。”杨维桢随便编造的一个名称，迎合了明太祖初定天下、四方一统的心思，马屁拍得恰到好处，于是，洪武三年（1370年），明太祖颁发诏令，向全国推广。初为一般士庶，后规定秀才以上功名者始可戴之，四方平定巾成为儒生、生员、监生等人的专用头巾。

从“一统江山”到“四方平定”，都说明明代皇帝或政府，对于服饰的干预与指导。服饰不只属于民间，它具有教化作用，也更多地为政治、社会服务。

六合一统合圣意

与四方平定巾一样，因为迎合了皇帝的圣意，六合一统帽得以推广。

此帽就是俗称的瓜皮帽，用六块罗帛缝拼，六瓣合缝，下有帽檐。瓜皮帽之名非常形象，六花瓣缝合之后戴于头上，宛如瓜皮倒扣。瓜皮帽在明代颇为流行，在于它的大名——六合一统帽。因为帽子以六瓣面料合成一体，缀以帽檐，故以“六合一统”命名，寓意天下归一。俗称瓜皮帽、瓜拉冠，也称六合巾、小帽、便帽，多用于市井百姓，传说为明太祖朱元璋创制。明人陆深《豫章漫钞》云：“今人所戴小帽，以六瓣合缝，下缀以檐如筒。阎宪副闳谓予言，亦太祖所制，若曰‘六合一统’云尔。”一顶小帽有了一个很宏伟的大名。

明人刘若愚《酌中志》卷19则记录了六合一统帽的形制、工艺与价格：“皇城内内臣除官帽、平巾之外，即戴圆帽。冬则以罗或纻为之；夏则马尾、牛尾、人发为之。有极细者，一顶可值五六两，或七八两、十余两。”需要指出的，六合一统帽诞生于明代，但是清兵入关之后，并没有被取缔，仍然是社会上流行的一款帽子。徐珂《清稗类钞·服饰》记载：“小帽，便冠也。春冬所戴者，以缎为之；夏秋所戴者，以实地纱为之，色皆黑。六瓣合缝，缀以檐，如筒。”材料用纱、缎、倭绒、羽绫等，通常用丝绦结顶，讲究的用金银线结顶。瓜皮帽横跨明、清、民国三个时期，民国初年还能见到戴瓜皮帽的遗老遗少。

明代巾的分类与服务对象

巾、帽是与服饰配套的一个类别。虽然没有官服的补子、配饰那么严格，完全按照官职大小而穿戴不同，但是并非没有官职的限制，它同样是按照阶层来佩戴的。各种巾子的佩戴因身份不同而有所区别，即不同阶层的人戴不同的巾子，有些巾子所戴者范围较广，有些巾子有专属者，他人不能穿戴。如乌纱折角向上巾是皇帝的常服，专属皇帝所戴。

明代进入封建社会后期，科举发达，因此士人受到社会重视，士人的巾子也特别多，东坡巾、儒巾、阳明巾、汉巾、晋巾、唐巾、凌云巾、方山巾都是士人的巾子，甚至还有专门给进士戴的专属进士巾，这在其他朝代是没有的。士大夫也有专门的玉台巾；官吏有自己的平顶巾。儒巾，明代士人所戴的软帽，为生员的服饰。东坡巾，士人所戴头巾。纯阳巾，明代隐士、道士所戴的一种头巾，乡绅、举贡、秀才俱戴巾。高士巾，为隐士逸人所戴一种巾帽。武将戴将巾，官吏戴吏巾，皂隶戴圆顶巾。道士、僧人则戴四周巾。

明代儒巾

巾的服务对象，具体划分为官员、士人（士大夫、儒生、举子）、庶民、内臣、优伶、僧道等阶层。

官宦、武士所戴巾。乌纱折角向上巾，其实是冠。将巾，明代武士日常所系裹的头巾，巾上有折成细裥的片帛垂下。

吏巾，明代典官吏所戴的软帽，以漆纱为之，平顶软胎，左右各缀以翅，与圆顶巾形制类似。圆顶巾，圆顶软帽，明代为皂隶公人所戴，颁布于洪武三年（1370 年），翌年即为平定巾所代替。皂隶巾，又称平顶巾，明代诸衙门皂隶、公使掾史、令史、书官吏等均可戴此巾。

士大夫所戴巾有华阳巾、勇巾、玉台巾、九华巾、飘飘巾等。

九华巾，明代士大夫所戴的便帽，以纱罗为之，缘以皮金，前后各有一版，随风飘动。四开巾因帽身开有四个豁口而得名。飘飘巾前后各披一片，因行步时随风飘动而得名。

乌纱方幅巾是加在束发冠上的一种黑色纱巾。此外明代士庶男子还喜欢戴凿字巾、披云巾。

一般男子多用的骔巾（又作鬃巾），是以马颈上的鬃毛编成的头巾。其制疏密不一，疏者称朗素，密者称密结。通常为夏季所戴。明中晚期较为流行。《七修类稿》卷 33 记载："友人孙体时，一日戴巾来访，恐予诮之，途中预构一绝。予见而方笑，孙对曰：'予亦有巾之诗，君闻之乎？'遂吟曰：'江城二月暖融融，折角纱巾透柳风。不是风流学江左，年来塞马不生骔。'两人相对一笑。"

伶人戴绿头巾（又作碧头巾）、皂罗头巾（舞者用）、开阔巾（乐工用）、金貂巾。

内臣戴平巾，为一种平顶帽。年老内臣戴长者巾。

隐士、道士、僧侣所用雷巾（亦作九阳巾、九阳雷巾），制如儒巾，脑后复片帛一幅，下缀飘带两条。

纯阳巾（亦作吕祖巾、洞宾巾、乐天巾），定角稍方，上附一帛，并折叠成裥；左右两侧附一玉圈，右侧另缀小玉瓶一，以备簪花。此外还有四周巾。

特定对象如老人戴老人巾，以纱罗为之，顶部倾斜，前高后低。

明代男子的巾帽，还有乌纱帽、幞头、瓦楞帽、翼善冠、忠靖冠、遮阳帽、瓦楞帽、边鼓帽、软帽、大帽、方顶斗笠、毡笠，等等。

巾在古代中国，品种丰富，造型多样，而且兼有头巾（帽）、汗巾双重用途，当然作为冠帽的巾子在形制上与汗巾有很大区别。有的头巾已经由软体的巾变为硬质的帽，只是还保留巾的名称。明代的头巾最为丰富，可圈可点，但是明以后，男性的头巾反而减少，辉煌不再。

士人服饰：白衣公卿

对于明代服饰，一般读者比对其他朝代的服饰要熟悉一些，在汉服的推广与宣传中，清代、民国的服饰被排除在外，汉服倡导者认为汉服是明代及以前汉族的服饰。但是在汉服推广活动和影视剧中，出现服饰舛误的情况非常普遍，以笔者观察，几乎没有服饰不错的影视剧。

2016 年 1 月，以明英宗、景泰帝时代为历史背景的电视剧《女医明妃传》播出，剧中虽然有很多明代服饰元素，但存在用错冠冕、发髻穿越、冠饰不对等诸多问题。为此，笔者撰文指错，颇有反响。人们也在问，明代真实的服饰应该是怎样的？

明代服饰制度严明，不仅对官服规定严格，对平民服饰规定同样严格。明初严厉，明中期以后则变得松弛，大概是物极必反，压抑太久寻求释放的缘故吧。因此，明初与明中期以后服饰的变化也是非常明显的。

白衣公卿生员服饰

士人是中国一个特别的阶层，古代指读书人，也即文人或称知识分子，属于社会的精英阶层。他们以“修身、齐家、治国、平天下”为人生目标，实践他们的社会主张。《孟子·尽心上》曰：“穷不失义，故士得己焉；达不离道，故民不失望焉。古之人，得志，泽加于民；不得志，修身见于世。穷则独善其身，达则兼济天下。”士这个阶层介于官与民之间，没有显达时是民，显达时是官。按照惯例，士人还没有进入仕途时，只能穿白袍。明人胡震亨《唐音癸签》云“举子麻衣通刺称乡贡”，麻衣就是白衣，因此，通常称尚无功名的士人为白衣公卿。

明代服饰制度，明确官民界限，给予读书人以优惠和重视。明太祖与马皇后都很重视举子的服饰，在他们的过问下，“三易其制”，制定举子的服饰，与庶民、官员均有所区别。

洪武三十年（1397 年）丁丑科二月会试，明太祖钦点 78 岁的翰林学士刘三吾为主考官。经过考试，录取 51 名，又经三月殿试，钦点陈安邸为状元，尹昌隆为榜眼，刘谔为探花。发榜时51名进士全部为南方人，故称南榜。北方人竟然一名未取，历代不见。也正因为如此，引起北方籍举子的强烈不满。发榜6天之后，许多举子身着玉色襕衫，头戴遮阳帽，也有戴四方平定巾、穿紫色或白色道袍的举子，齐集礼部，高举“冤”、“科举舞弊”字样的牌子，鸣冤告状，围观者众多。南京街头，也出现数十名举子沿路喊冤，群众议论纷纷，甚至有举子阻拦官员轿子，上访告状。一时间，南京城内，“会试舞弊”的传闻甚嚣尘上，沸沸扬扬。事关重大，官员们不敢隐瞒，立即禀报明太祖。十多位监察御史也纷纷上疏，请求皇帝下旨严查。明太祖闻听震怒，下诏彻查。一个月后调查结论出台，录取51人皆有真才实学，考卷也无禁忌之语。但是对此结论，落榜北方籍举子并不满意，朝中北方籍官员也对此愤愤不平。明太祖并非不明就里，但是对于重视社会稳定的朱元璋来说，他知道全部录取南方学子，冷落北方学子的负面影响极大，故借此大做文章。盛怒之下，五月突然下诏，指斥主考刘三吾和副主考纪善、白信等三人为“蓝玉余党”，尤其是抓住了刘三吾十多年前曾上疏为胡惟庸鸣冤的旧账，认定刘三吾为“反贼”，对考官与调查人员进行处罚。主考官刘三吾被发配至西北，调查人员侍读张信被凌迟处死，其余诸人也被发配流放，只有戴彝、尹昌隆二人免罪，因为他俩复核试卷开列出的中榜名单上有北方举子。六月明太祖亲自策问，取录任伯安等61人，全系北方人，故称北榜。这就是明代科举中南北榜案，或称刘三吾舞弊案。会试未必有舞弊，政治需要则是真相。

明清时期经本省各级考试入府学、州学、县学的学子称为生员，亦称诸生，俗称秀才。入国子监（国家最高学府）的学子称监生，又称太学生。由举人入国子监的叫举监，由秀才入国子监的叫贡监，也叫贡生。生员还要参加乡试获取举人功名，有了举人功名的举监则要参加会试获取进士功名。生员就是进入各级学府正在上学的读书人，也属于士子，他们要参加更高一级的考试，也可称举子（推荐参加考试的读书人）。此外举人也可称举子。因此，无论是生员还是监生，都是有功名的，且正在各级学校读书的士人。按这样理解，有功名的士人，其身份已经与普通百姓有别，是介于官与民之间的特殊阶层，是未来的官员。明太祖制定生员服饰，因为其身份（阶层）的特殊，他们是国家未来的人才、政府的储备官员，对他们特别优待。也可以说，生员服饰是学生制服，因为他们都属于各级学校的在籍学生。

明代的生员服饰专用襕衫，用玉色布绢制作，宽袖皂缘，前后有飞鱼补，有皂绦软巾垂带。洪武末年，又许生员戴遮阳帽。唐寅遗像中身穿襕衫，头戴遮阳帽，也叫古笠，唐代称之为席帽。

唐解元唐寅像

襕衫是生员的礼服，祭孔、祭祖、见官、赴宴等正式场合下穿着，平时着便服。明代生员平时戴四方平定巾，服各色花素绸、纱、绫、缎道袍。贫困者冬天用紫花细布或白布为袍，富裕者冬天用大绒茧绸，夏天用细葛为袍。

儒生士子服饰

对于不在学校学籍的士人（也可称儒生），其服饰也有别庶民。

举子的服饰以宽边直身的斜领大襟宽袖衫为主，变化也只在袖身的长短大小上，叶梦珠《阅世编》卷 8 说："公私之服，予幼见前辈长垂及履，袖小不过尺许。其后衣渐短而袖渐大，短才过膝，裙拖袍外。袖至三尺，拱手而袖底及靴，揖则堆于靴上，表里皆然。履初深而口几及踊，后至极浅，不逾寸许。"

明代士人圆领大袖衫

儒巾，明代士人所戴的软帽，为生员的服饰。制如方巾，前高后低，以黑漆藤丝为里，乌纱为表，初为举人未第者所服，后不分举、贡、监、生，均可戴之。《三才图会·衣服》曰：“（儒巾）古者士衣逢掖之衣冠，章甫之冠，此今之士冠也。凡举人未第者皆服之。”

阳明巾，明代士人所戴的一种便帽，相传于浙江绍兴会稽山下阳明洞创立“阳明学派”的名儒王阳明曾戴此巾，故名，流行于隆庆、万历年间。明人余永麟《北窗琐语》曰：“迩来巾有玉壶巾、明道巾、折角巾、东坡巾、阳明巾。”明人顾起元《客座赘言》卷1说：“士大夫所戴，其名甚多，有汉巾、晋巾、唐巾、诸葛巾、纯阳巾、东坡巾、阳明巾、九华巾、玉台巾、逍遥巾、纱帽巾、华阳巾、四开巾、勇巾。巾之上或缀以玉结子、玉花瓶，侧缀以二大玉环。而纯阳、九华、逍遥、华阳等巾，前后益两版，风至则飞扬。齐缝皆缘以皮金，其质或以帽罗、纬罗、漆纱，纱之外又有马尾纱、龙鳞纱，其色间有用天青、天蓝者。至以马尾织为巾，又有瓦楞单丝、双丝之异。”

明代戴方巾的士人

东坡巾，士人所戴头巾。以乌纱为之，制为双层，前后左右各折一角，相传为苏东坡首戴，故名。元明时期较为流行。明人杨基《赠许白云》记载：“麻衣纸扇趿两屐，头戴一幅东坡巾。”明人沈德符《万历野获编》卷26记载：“古来用物，至今犹系其人者……帻之四面垫角者，名东坡巾。”

角巾，也称折角巾、林宗巾，明代儒生戴的软帽，有四、六、八角之别。

素方巾，一种本色头巾，明代流行于江南地区，多用于士人，取其渐变、洁净，明人范濂《云间据目钞》卷2记载：“缙绅戴忠靖巾，自后以为烦俗，易高士巾、素方巾，复变为唐巾、晋巾、汉巾、褊巾，丙午以来，皆用不唐不晋之巾。”

浩然巾，男子所戴的暖帽，以黑色

布缎为之，形如风帽。相传唐代孟浩然常戴此帽御寒，故名。明清时期较为流行，通常用于文人逸士。《儒林外史》第 24 回说："只见外面又走进一个人来，头戴浩然巾，身穿酱色绸直裰，脚下粉底皂靴，手执龙头拐杖，走了进来。"

程阳巾，明代男子所戴的一种便帽，其状类似东坡巾，唯帽后下垂两块方帛，相传宋代理学创立人程子（程颐）曾戴此巾，故名。《酌中志》卷 19 云："长者巾，制如东坡巾，而后垂两方带，如程子巾式。"

朱元璋建立明朝，非常重视教育，在南京鸡笼山（今鸡鸣寺、成贤街一带）设立国家最高学府国子监。对于学子、国子监、科举中试者都给予政策扶持，享受优惠待遇。明初对于进入国子监的监生们，提供月粮。上学期间，家属没有生活来源的，由国家发放补贴。对于贫寒学子来说，无疑是雪中送炭，学子衣食无忧，可以安心读书。科举高中者，依据秀才、举人、进士等不同等级，享受免役、用奴婢、免刑等特殊政策。只要进学，考中秀才，法律规定可以免除户内二丁差役。明代社会不允许普通百姓使用奴婢，即便是地主，有些钱，也不能用奴婢，违规要杖责。明初规定，进士、举人、贡生犯死罪，可特赦三次。这样优待士人、科举考试高中者的政策，在中国历朝历代中都是独一无二的。作为国家的人才储备中心，朱元璋对国子监的监生们特别关心，指示制定学生制服。《明史·舆服志》记载："（洪武）二十四年，以士子巾服，无异吏胥，宜甄别之，命工部制式以进。太祖亲视，凡三易乃定。生员襕衫，用玉色布绢为之，宽袖皂缘，皂绦软巾垂带。贡举入监者，不变所服。"朱元璋亲身审核、过问生员的制服，可见其重视程度。因此，明代的士人服饰品种之多，其他朝代无出其右。

方山巾，明代士人所戴的一种软帽，其形四角皆方。

软巾，明代士人所戴的帽子，以黑色绫罗为之，顶部折叠成角，下垂飘带。贵贱都可戴之，其制颁定于明初。

凌云巾，简称云巾。明代士人所戴头巾，形制和忠靖冠相类。以细绢为表，上用色线盘界，并饰以云纹。流行于明代中叶。《三才图会·衣服》记载：云巾"有梁，左右及后用金线或素线屈曲为云状，颇类忠靖冠，士人多服之"。《北窗琐语》曰："迩来又有一等巾样，以细绢为质，界以

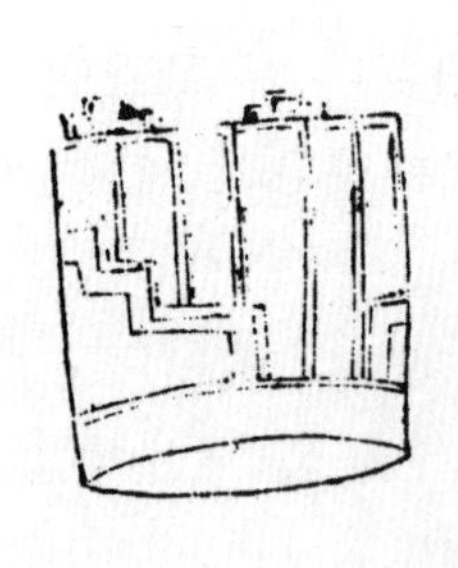
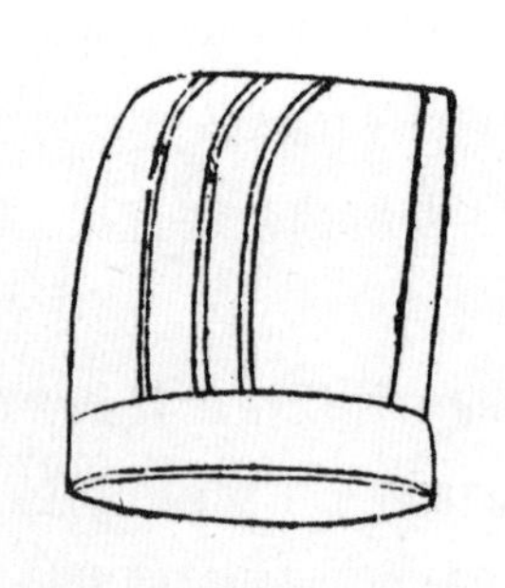

《三才图会》中的治五巾（右）、云巾（左）

绿线绳，似忠靖巾制度，而易名曰凌云巾。虽商贩白丁，亦有戴此者。”

治五巾，明代士人所戴的便帽，以黑色漆纱为之，帽上饰有三道直梁。《三才图会·衣服》说：“（治五巾）有三梁，其制类古五积巾，俗名缁布冠，其实非也。士人尝服之。”

高淳罗巾，明代士人所戴的一种纱罗软帽，因为出于应天府高淳县工匠之手，故名。这是诞生于南京的士人巾。

金线巾，明代士人所戴的头巾，因为巾上嵌有金线而得名。

披云巾，明代士庶男子所戴的一种头巾，以绸缎为表，内纳棉絮，也可以用毡制成，顶呈匾方形，后垂披肩。多用于御寒。

进士巾，明代进士所戴头巾。以皂纱为之，制与乌纱帽相类，左右两角短而宽开阔。明人沈榜《宛署杂记》卷15记载：“工部，三年一次补办状元等袍服，候文取用。万历二十年，取状元梁冠一顶，纱绢一顶，黑角束带一条，玎珰一副，进士巾七十五顶。”

与士人巾子搭配的还有其他服饰、佩饰，总体来说，士人服饰在明代自成体系，与官服、平民服饰“分庭抗礼”。士人原本在中国就是一个特殊的阶层，进仕为官，退仕为缙绅，影响一方。明代通过服饰又对阶层进行了强化。

平民服饰

明初政策对士人士的优待，也体现在服饰上。但政策对商人却进行限制，商人排在士农工商四民的末位，其服饰与乐工、优伶、娼妓同属一个级别，可见明代重农抑商政策对商业、商人的轻视。

因为民与官相较，地位低下，与明代官服的多姿多彩相比，对应的庶民服饰也逊色许多。无论在面料、制作工艺，还是色彩方面都与官员服饰无法比拟。庶民服饰无非布衣布衫，《万历新昌县志》记载：“小民简啬，惟粗布白衣而已。至无丧亦服孝衣帽，盈巷满街，即帽铺亦惟制白巾帽，绝不见有青色者，人皆买之。”平民平时穿的是黑色、布质的长袍，春夏天单袍，秋天夹袍，冬天则棉袍，一年四季只能在白色、黑色两种服色的袍子中选择更换。

明代五蝠捧寿纹大襟袍（引自《中国历代服饰》）

对于燕居、退仕的官员来说，祭祀、上朝穿戴规范整齐的礼服、官服，受拘束太多，他们也乐意穿戴宽松的交领服饰，因为有官员的身份，经济条件也较好，服饰的面料并不完全受到庶民服饰的影响，可以使用绸缎等高档面料。明中期以后严厉政策有所松弛，新兴商人阶层凭借经济实力，走上社会大舞台。他们渴望通过服饰的华贵来彰显个性，引起社会关注，从而成为一种政治势力。因此他们的服饰开始突破明初的规定，首先在面料、色彩上有所表现。

明代百姓服饰大抵以白布裤、蓝布裤、青布袄子为主。不仅仅是服饰制度的规定，也受到经济的制约。微薄收入只允许他们用最低廉的价格购买最低档的衣服，因此也只能穿白布、蓝裤、青衫服饰。

明代平民服饰的变化与特点，主要在巾。古代冠、帽、巾，其实都是如今我们说的帽子，区别在于冠侧重礼仪方面，男子二十弱冠，戴冠表示进入成年，冠是硬质的礼仪用帽；帽在礼仪方面逊于冠，佩戴相对随意；巾是软质的帽子，形制多样，变化多端，随意性大。官员们燕居时，也喜欢戴巾。文人雅士，注重个性，表现风流倜傥的飘逸情调，也喜欢这种随便、简易的巾子。明代初定天下，文人士子流行戴巾，由此成为一种时尚潮流，以致明代的巾子是历代品种最多、个性最为鲜明的。

女衣：背子比甲大袖衫

明代妇女的服装，主要有衫、袄、霞帔、背子、比甲、裙子等。衣服的样式大多仿自唐宋，一般都是右衽。明初朱元璋从元代灭亡中吸取教训，推崇简朴风尚，禁止奢侈之风，对于“蔑敦朴之风，乱贵贱之等”者予以惩治（《明太祖实录》），服饰尚俭朴。到了明代中后期，社会风尚大变，服饰奢靡逾制以京师、南京和江南、吴越地区为中心，向全国辐射，其他地方也受到影响，在服饰风俗变迁、奢侈之风盛行中，女性服饰首当其冲。

帝后嫔妃之服

明代女性形象（引自《中国历代妇女妆饰》）

明代帝后、嫔妃之服，统称为“宫装”，严格上说还包括内宫命妇、宫女服饰，因为都属于内宫里的服饰。

皇后、皇妃服饰分为礼服、常服（便服）和告丧服；礼服分为袆衣、翟衣；常服则有绣龙凤纹的诸色团衫、大衫、四褛袄子（背子）；告丧服有鞠衣。

洪武元年（1368年）十一月，定皇后礼服，在朝会、受册、谒庙时穿着。《明太祖实录》记载：其冠“为圆匡，冒以翡翠，上饰九龙四凤，大花十二树，小花如之。两博鬓，十二钿”。其服为袆衣，“深青为带，画翠赤质，五色十二等。素纱中单，黼领朱罗縠褾襈裾。蔽膝随衣色，以緅为领缘，用翟为章，三等”。“大带随衣色，朱里纰其外，上以朱锦，下以绿锦，纽用青纽玉。革带青袜青鞋，鞋以金饰”。

朱棣做皇帝之后，于永乐三年（1405年）

对皇后礼服进行了更定，比洪武年间制定得更为详细。《明会典》卷 60 记载：皇后礼服用冠以漆竹丝为匡，外冒翡翠，用翠龙九，金凤四，中一龙衔大珠一，上有翠盖，下垂珠结。冠上加翟云四十片，大珠花与小珠花各为十二枝。冠边各三扇博，比洪武年间增加一扇博鬓。皇后的礼服改为翟衣，深青色地，织翟文十二等，间以小轮花。在红领袖端，衣襟侧边，衣襟底边，织金色小云龙纹。玉色中单，红领，袖端织黻纹十三。蔽膝同衣色，织翟纹三等，间以小轮花四，绛深红色领缘织小金云龙纹。玉革带用青绮包裱，描金云龙，饰玉饰十件，金饰四件。大带青红相间，下垂织金云龙纹，上朱缘，下绿缘，青绮副带一。大绶五彩，间饰二玉环。小绶三，色同大绶。玉佩二，饰描金云龙纹。青袜、青鞋，饰以描金云龙，鞋首加珠五颗。

洪武三年（1370 年）定皇后常服冠为双凤翊龙冠，首饰钏镯用金玉、珠宝、翡翠。衣用金绣龙凤纹诸色团衫，带用金玉为饰。洪武四年改冠为龙凤珠翠冠，冠上加龙凤饰。衣为真红大袖衣，饰织金龙凤纹，衣上加霞帔。红罗长裙，红背子。永乐三年（1405 年）对皇后常服制度修订，内容更为丰富。冠用皂色縠，附以翠博山，冠上饰金龙一，珠翠凤二，龙凤口衔珠滴。冠上前后珠牡丹二，花蕊八，翠叶三十六，珠翠穰花鬓二，珠翠云二十一朵，翠口圈一副，金宝钿花九，上饰珠九颗，金凤一对，口衔珠结。博鬓两边各三扇，饰以鸾凤，金宝钿二十四，边垂珠滴。冠上插金簪一对，珊瑚凤冠觜一副。从文字记录中，不难看出永乐年间的皇后冠饰远比洪武年间复杂得多、华丽得多、奢侈得多。皇后常服衣用大衫，深青四褛袄子（即背子）上饰以金绣团龙纹。霞帔深青色，上织金云霞龙纹，或绣或铺翠圈金，饰以珠玉坠子。鞠衣色红，前后织金云龙纹，或绣或铺翠圈金，饰以珠。大带以红线罗织成，有缘，其余或青或绿，各随鞠衣色彩。黄色缘襈袄子，红领、袖端绣皆织金彩色云龙纹。红色缘襈裙，绿缘襈，织金彩色云龙纹。玉带如翟衣制。玉花彩结绶，以红绿线罗为结，上有玉绶花一，瑑饰云龙纹。绶带上有玉坠珠六颗，金垂头花瓣四片，小金叶六个。白玉云样玎珰二如佩制，有金钩、金如意云盖一件，下悬红组五贯，金方心云板一件，具钑云龙纹饰，衬以红绮，下垂金长头花四件，中有小金钟一个，末缀白玉云五朵。青袜、青鞋。（王熹《明代服饰研究》）

皇妃常服与礼服制度同时出台，戴鸾凤冠，首饰、钏、镯用金玉、珠宝、翠为饰物。衣用诸色团衫，金绣鸾凤，不用黄色，束带用金、玉、犀。洪武四年（1371 年）在原有鸾凤冠基础上，增加山松特髻，假鬓花钿，或花钗凤冠。衣用真红大袖衫，霞帔，红罗裙，红罗背子，衣上织金及绣凤纹。

洪武五年对内宫命妇的服饰也制定了制度。礼部建议参考唐宋制度，贵妃、昭仪、婕妤、美人、才人、宝林、御女、采女、贵人等宫内命妇，依其品级，冠服用花钗、翟衣，最后经洪武帝钦定，宫内命妇礼服参照后妃燕居冠及大衫、霞帔式样，常服以珠翠庆云冠、鞠衣、背子、缘襈袄裙为式样。

明代宫人的服饰也形成了制度，冠服与宋代规定相同，衣为紫色、团领、窄袖，遍刺折枝小葵花，以金圈为饰，珠络缝金带红裙。头戴乌纱帽，以花纹为饰。足蹬弓样鞋，上刺小金花。

尊贵礼服大袖衫

明代女性服饰有礼服、常服与便服之分，礼服一般以宽衣大袍的大袖衫为主，常服、便服则为合身、窄瘦、修长的长袄与长裙为主，明代女性服饰，以合领对襟的窄袖罗衫与贴身瘦长的百褶裙为主。

洪武三年规定，皇后在受册、谒庙、朝会时穿礼服。穿深青色，画红加五色翟（雉鸟）十二等的袆衣（一种祭服），配素纱中单，黻领，朱罗、縠（绉纱）、褾（袖端）、襈（衣襟侧边）、裾（衣襟底边），深青色地镶酱红色边绣三对翟鸟纹蔽膝，深青色上镶朱锦边、下镶绿锦边的大带，青丝带作纽扣。玉革带。青色家金饰的袜、鞋。

大袖衫是明代礼服的主要形式，形制为对襟式，襟宽三寸，用纽扣系合。袖子很长，长度达到三尺二寸二分，袖宽三尺五分，是名副其实的大袖衫。

霞帔作为命妇的礼服，始于宋代。以狭长的布帛为之，上绣云凤花卉。穿着时佩挂于颈，由领后绕至胸前，下垂至膝。底部以坠子相连。原为后妃所服，后遍施于命妇。明清时期承继宋制，霞帔用于皇后、命妇礼服。明代按照品官的秩别，霞帔各有差别。王三聘《古今事物考》卷 6 记载：

“国朝命妇霞背，皆用深青段匹，公侯及三品，金绣云霞翟文，三、四品，金绣云霞孔雀文。五品，绣云霞鸳鸯文。六、七品，绣云霞练鹊文。”

明代大袖衣展示图（引自《中国历代服饰》）

明代女性服装根据不同的社会地位，分为命妇服装和一般妇女服装。命妇服装又分为礼服和常服、便服。礼服是朝见皇后，礼见舅姑、丈夫以及祭祀时所穿的服装，一般以宽衣大袍的大袖衫为主，由凤冠、霞帔、大袖衫和背子组成；常服、便服则为合身、窄瘦、修长的长袄与长裙为主。明代女性服饰，以合领对襟的窄袖罗衫与贴身瘦长的百褶裙为主。

时尚之服背子比甲

背子、比甲是明代妇女的两种主要服装，其形式与宋代相同。背子一般分为两种式样，一是合领、对襟、大袖，属于贵族妇女的礼服；二是直领、对襟、小袖，属于普通妇女的便服。

明代窄袖背子展示图（引自《中国历代服饰》）

明代背子为贵妇常服，后妃着红色，普通命妇着深青色。品官的祖母、母，以及子孙、亲弟侄之妇女礼服，除了本官衫、霞帔，也有背子。

比甲，是一种无袖、无领的对襟马甲，其样式较后来的马甲为长，长度超过膝盖，至小腿部位。比甲产生

明代比甲穿戴展示图（引自《中国历代服饰》）

于元代，先为皇室成员所用，渐渐流传于民间，至明代中期已经成为一般妇女的主要服装之一，并且在社会上形成时尚。《金瓶梅》就有“月光之下，恍若仙娥，都是白绫袄儿，遍地金比甲，头上珠翠堆满，粉面朱唇”、“潘金莲上穿着银红绉纱白绢里对衿衫子，豆绿沿边金红心比甲儿”等对服饰的描写。遍地金也作遍地锦，是南京云锦中的高档品种，云锦中尚有织金服饰。换言之，遍地金比甲不仅流行于南京的官宦人家、富裕家族中，也存在于全国其他地区的官宦、富裕家庭中。《天水冰山录》中就记录了明代权臣严嵩被抄家时的多种云锦品种，如大红遍地金过肩云蟒段、桃红遍地金女裙绢、绿遍地金罗、绿满地金纱等。南京云锦原本是供应皇室的，江宁织造肩负督造云锦之责。明初禁止官民服饰奢侈，但是明中期之后，社会等级制度受到崛起的商人势力的冲击，云锦等高档服饰也受到他们的关注，通过突破服饰的禁忌，不怕服饰僭越受到处罚，获取社会的注目，展示他们的势力。

明代女子的下衣仍以裙为主，很少穿裤子，但是常在裙内穿膝裤，膝裤从膝部垂及脚面。裙子的颜色，初尚浅淡。虽有纹式，但是并不明显，到了明末，裙子多用素白色，即施纹绣，也都在裙幅下边一两寸处，绣以花边，作为压脚。裙子的制作比外衣还要考究，多用五彩纺织锦为质料。

常服由长袄和长裙组成，长袄衣长过膝，领口分为盘领、交领和对襟等多种形式，领上用金属纽扣固定，袖窄、领、袖均有饰缘边。长裙的裙幅多为六幅，当时有“裙拖六幅湘江水”的说法，到了明末出现八幅甚至更多幅的裙子，腰褶趋向繁密、细巧，裙身上绣有艳丽纹样。

一般妇女的服装，除了法令规定的禁忌外，如礼服只能用紫绝（一种次于罗绢，类似于布的衣料），不准用金绣；袍衫只能用紫、绿、桃红等浅淡颜色，不许用大红、鸦青、黄色等；带则用蓝绢布。

明代襕裙腰裙展示图（引自《中国历代服饰》）

明初服饰尚俭，到了明中期以后则风气大变。俭朴风尚受到冲击，代之以奢华风尚。明人顾炎武《日知录》卷28指出："弘治间，妇女衣衫，仅掩裙腰，富者用罗缎纱绢织金彩，通袖裙用金彩膝襕。正德间，衣衫渐大，裙褶渐多，衫惟用金彩补子。"《客座赘言》也说："正德前后，妇女的服装由朴素而华丽。"表现出明中叶奢侈浮华之风已深入市民生活。

比甲穿着方便，也适合与其他服饰配套，因此，明代女性非常推崇比甲，她们喜欢将原本是居家时穿的比甲，当外出服使用，配上瘦长裤或大口裤。比甲制作也趋向华丽，织金组绣，罩在衫子外面。明代比甲与清代比甲在形制上也有区别。明代比甲长，长度过膝，接近脚踝，对襟；清代比甲长度略短，过膝，大襟，形制接近马甲。

从发髻到䯼髻

明代女性的发型（发髻）也很有特色，高髻在明中叶很流行，宫中女性与社会女性，都很青睐高髻。这种高髻其实是一种假髻，用丝网编成的发罩，大名䯼髻。

䯼髻有多种材料制成。普通的就是铜丝，高级一点的是银丝，最高档的是金丝。不同家庭背景、经济条件，使用不同材质的䯼髻。也可以说，不同材质的䯼髻，表明妇女的不同身份。人物身份、地位的变化，通过䯼髻材质的细微变化反映出来。

䯼髻的形制略有不同，常规的多成圆形、圆锥形，有的上部较圆钝，

明代女用扭心金丝䯼髻

像小圆帽；有的顶部较圆；有的上部接近圆锥形，自底至顶略有收分，外形轮廓像小尖帽。最为奇特的是扭心䯼髻，在工艺制作上较为考究，形制上除了保持圆形外，更接近冠，在顶上的后部旋转扭曲，形成一个空囊，正好把多余的头发套在里面。南京栖霞山出土的金丝䯼髻，高 9.2 厘米，有两道金梁，正面用金丝盘绕出一朵牡丹花，侧面扭出旋卷的曲线。

䯼髻不像男子戴在巾子下的束发冠，它不受头巾的制约，所以比束发冠高；束发冠的平均高度在 4 厘米左右，而䯼髻的平均高度约为 8 厘米。

䯼髻在明代女性中流行，有其历史渊源：其一是受到北宋以来妇女戴冠风气的影响，北宋女性喜欢戴团冠，元代周密《武林旧事》卷 7 记载：在宋孝宗诞辰时，皇后换团冠、背子；卷 8 又记载：皇后谒家庙时也戴团冠。上层社会皇后、贵族女性如此，基层社会厨娘也戴团冠，即厨师帽，可见戴高冠是北宋妇女的流行时尚。其二与宋代社会流行包髻有关。《东京梦华录》卷 5 说：宋代媒人“戴冠子，黄包髻”。戴冠子时无须包髻。

䯼髻起初就是发髻本身，但是在戴冠和包髻的影响下，䯼髻上又裹以织物。从元代开始䯼髻由单一的发髻，逐渐演变，因为女性觉得单一的发髻，花样太少，达不到表现美、吸引眼球的目的，开始在发髻上加装其他饰品，用一个骨架做成发架或发套罩在头发上，这样发型就可以按照心愿做得高大、蓬松，形成夸张的造型。

明代妇女最流行的做法，是用䯼髻、云髻或冠，把头发的主要部分，即发髻部分，包罩起来。明代妇女已不单独戴䯼髻，围绕着它还要插上各种簪钗，形成以䯼髻为主体的整套头饰。更准确地说，明代的䯼髻其实是女性整套头饰的集成效果。也就是说，不能孤立地说䯼髻，䯼髻是女性妆饰好后的头部的整体形象。

女性戴上䯼髻之后，需要在䯼髻的外面裹上织物，进行妆饰，䯼髻本身是个发罩，只是把发型衬托起来。通常情况下，在金丝、银丝制成的网子外覆以黑纱，也有将色纱衬在䯼髻里面的，再插上簪子、钗子，形成冠的形状。

䯼髻不仅是发型，而且是明代女性已婚身份的一种标志。服饰可以区别家庭经济状况、高贵贫贱，以及所在家庭男丁的官职大小，但还是难以区别已婚与未婚。发型则可以起到区别已婚与未婚的作用。按照当时的习俗，出嫁的妇女一般都要戴䯼髻，它是女性已婚身份的标志。未婚女子就不能戴䯼髻，要戴一种叫云髻的头饰。

䯼髻是明代已婚妇女的正装，家居、外出或会见亲友时都可以戴，而像上灶丫头那种底层身份的女子，就没有戴䯼髻的资格。

南都女性服饰时尚

朱棣迁都北京后，南京又称南都。南都女性的服饰除了保留明代服饰特色之外，在时尚流行方面也有自己的个性审美倾向。明代南京学者顾起元《客座赘语》对此有记录。

留都妇女之头饰假髻盛行。假髻以金银丝、马尾等材料制作，有人称丫髻，有人称云髻，通俗地说就是假髻。“摘遗发之美者缕束之，杂发中助绾为髻，作为插簪的有金银、玉、玳瑁、玛瑙、琥珀等材质，皆可为之，掩鬓或作云形，或作团花形，插于两鬓，古之所谓‘两博鬓’也。花钿戴于发鼓之下。”顾起元所说的假发髻，其实就是前述䯼髻。顾起元先说是

明人绘《南都繁会图》（局部）

步摇并不准确，步摇是冠饰，鬏髻是假髻，两者不一样。

顾起元是南京人，万历二十六年（1598年）进士，殿试一甲第三名，即探花，授职翰林院编修。曾任南京国子监司业、祭酒，吏部左侍郎。他的仕途在南京、北京两地，后来辞官回到南京，在南京城西南花露岗建筑遁园，潜心著述。他对比京师北京、南都南京的时尚变化，在《客座赘语》卷9中得出结论：“留都妇女衣饰，在三十年前，犹十余年一变。迩年以来，不及二三岁，而首髻之大小高低，衣袂之宽狭修短，花钿之样式，渲染之颜色，鬓发之饰，履綦之工，无不变易。当其时，众以为妍，及变而向之所妍，未有见之不掩口者。”意思说，南京的服饰变化与全国同步，并领导潮流，无论是女性发髻，还是衣服的长度、宽窄，都在追逐时尚，时时变化，三十年前，时尚十年一大变，近年来两三年就变化一次，时尚变化的频率加快。

南都南京与京师北京，在明代是南北两个政治、经济、文化中心，南都的政治辐射虽不及京师，但是在文化、教育、时尚方面，南都的影响远胜京师。如果说引领时尚看南都，并不为过。

清代篇

（公元 1644 ~ 1912 年）

补服与蟒袍：顶戴花翎显官威

清顺治二年（1645 年）沿明制设江南承宣布政使司，康熙初年改为江南省（地域约为今江苏省、上海市和安徽省）。改应天府为江宁府，所辖八县如故。后江南省分为江苏、安徽两省，江宁府隶属于治所设在苏州的江苏巡抚管辖，但管辖江苏、安徽、江西三省的两江总督衙门则设在江宁。

太平天国改江宁府为天京，并以天京为中心设天京省，以江浦为中心设天浦省。后清军攻陷天京，又复名江宁府。

南京地区属于南直隶，最大的官员是两江总督，府邸在今天南京长江路上的“总统府”。

剃发易服保脑袋

明万历四十四年（1616 年）努尔哈赤称汗，定国号金（世称后金），年号天命，建都于赫图阿拉（今辽宁新宾），后迁都盛京（今沈阳）。明崇祯九年（1636 年），努尔哈赤之子皇太极改国号为“大清”。崇祯十七年（1644 年）五月，清兵进入山海关，攻占北京。

崇祯死后，南方的官僚拥立福王朱由崧在南京建立了南明第一个政权，年号弘光。清顺治二年（1645 年），清军在多铎率领下，南下剿灭南明弘光政权。一月之中，清军破徐州，渡淮河，兵临扬州城下。南明督师史可法在扬州抵抗清军，扬州城陷后，史可法英勇就义。

清兵入关后，在中原地区强制推行剃发令，即让汉族人按照满族风俗，把额角上的头发剃掉，剩余的头发编成辫子，表示满人对汉民族的征服。很多汉人因抵制剃发令，被清兵砍掉脑袋，当时有“留发不留头，留头不留发”之说。对于满人野蛮、残酷的剃发令，在清廷为官的汉人也提出过疑问，顺治十一年（1654 年）大学士陈名夏曾说：“要天下太平，只依我一二事，立就太平……只须留头发，复衣冠，天下即太平矣。”但是陈名夏的质疑被视为反清，他本人也立即被清廷处死。

满人辫发打上了满人深深的烙印，也是清代发式、头饰、首服的一种，与其他朝代迥异的造型，通过辫发一眼就能断定其时代。清兵用武力打败了朱明政权，清政府通过服饰规定来统治中原汉族人民精神与肉体。

1623 年为诸大臣、贝勒、侍卫、随从及平常百姓规定了帽顶制度。1632 年规定了服色制度。所有的规定与制度，都是为了维护其统治。

清代补服制度

易服，虽然废除了明代的服饰制度，但是在某些方面仍然保留了前朝的一些东西，补服即是其中之一。清代区别官员品级的标志甚多，有冠服（以顶珠区别）、蟒袍（以所织蟒纹、蟒爪之数区别）、马褂（以黄马褂为贵，非特赐不得服）、花翎以及补服上补子的图案等。清代官员品级依照规定，戴不同的顶子，绣不同的补子。

清代文官补服实物

清代的补子在纹样、标识上与明代是有变化的。

根据《清会典图》之规定：皇子龙褂，色用石青，绣五爪正面金龙四团，五肩前后各一，间以五彩云。亲王补子，绣五爪金龙四团，两肩行龙，色用石青，凡补服的服色都如此。郡王，绣五爪行龙四团，前后两肩各一。贝勒，绣四爪正蟒二团，前后各一。贝子，绣四爪行蟒二团，前后各一。辅国公和硕额附、民公、侯、伯的补服，与贝子相同。

文官一品绣仙鹤，二品绣锦鸡，三品绣孔雀，四品绣雁，五品绣白鹇，六品绣鹭鸶，七品绣鸂鶒，八品绣鹌鹑，九品绣练雀，未入流补服制同。

都御史绣獬豸，副都御史、给事中、监察御史、按察史，各道补服，制同。

清代团龙补子

武官镇国将军、郡主额附、一品绣麒麟；辅国将军、县主额附、二品绣狮子；奉国将军、郡君额附一等侍卫、三品绣豹；奉恩将军、县君额附、二等侍卫，四品绣虎；乡君、额附三等侍卫、五品绣熊；蓝翎侍卫、六品绣彪；七品、八品绣犀；九品绣海马。

补子比较华丽，有闪金地蓝、绿深浅云纹，间以八宝、八吉祥的纹样。四周加片金缘如禽鸟大多白色，兽类如豹则用橙黄的豹皮色等。

清代补子的特点是用彩色绣补，底子颜色很深，有绀色、黑色及深红，透饰各种彩色的花边。

清代贝子以上皇亲，补子用圆形，绣龙蟒，其余皆方形，尺寸比明代略小，约 29 厘米。

清朝补子缝在对襟褂子上，前片在中间剖开，分成两个半块。明代补子除风宪官、二品锦鸡谱、三品孔雀谱外，文官补子多织绣一双禽鸟，而清朝的补子全绣单只。明代补子施于常服上，清代则施之于补子上。

清代补子在等级区别上较明代更为严格。清律规定：皇帝、皇子、亲王、郡王、贝勒、贝子皆为圆补，其他文武官员皆用方补。补子所选取的动物题材，与帝王礼服上的十二章图案有所不同。清代的彩绣补子，丹顶鹤的周围绣有红日、蝙蝠、山石、海水，使丹顶鹤头上的那一点红色显得越发鲜艳夺目，尾羽以金线镶边，显得更加绚丽多彩。清代补子的规律是：补子上的禽类都取其展开双翅，引颈欲歌，单腿立于山石之上的统一模式，从整个构图上看，也是千篇一律的下方海水，称为“海水江牙”，其上散布着满地云纹，形象高度图案化，更增强了标志性的作用，也可以说是趋向符号化。

两江总督与补服

补服是明清时期官员的主要官服，补服也是中国服饰发展史上最具代表性的官服。补服前胸后背的补子，作为中国古代独有的一种官阶等级标志，不仅具有“别上下，明尊卑”的功能，更主要的是传递了中国古代社会“君之威，臣之重，民之仰”的传统观念，其以图案、色彩、配饰组合成的外在的形式，又衬映了官服的威严。

清朝地方行政实施督抚制，全国划分为 23 个省，每省设一名巡抚，为主管一省民政的最高长官。又在全国划分八个区域，设直隶、两江、闽浙、湖广、陕甘、四川、两广、云贵八大总督，分别管理数省。两江总督总管江苏（含今上海市）、安徽和江西三省的军民政务，官阶从一品，从康熙四年（1665 年）到宣统三年（1911 年），有 98 任 80 余人，其中于成龙、尹继善、陶澍、裕谦、曾国藩、左宗棠、李鸿章、刘坤一等皆为清代重臣。清代名臣尹继善入仕后六载成巡抚，八载至总督，在清朝政界可谓一大奇迹，连乾隆皇帝也称：“八年至总督，异数谁能遘？”尹继善先后五次出任两江总督，雍正七年（1729 年）尹继善以江苏巡抚署理（署理是代理的意思）两江总督，乾隆年间四次出任两江总督。

穿补服的两江总督曾国藩

尹继善擅诗，也很惜才，主政东南，与文人交往，褒奖后学。其幕府招揽英才，名声大噪。曹西有、宋宝岩、秦大士、蒋士铨、袁枚等都是经常出入于两江总督府的知名文人。袁枚朝考时就得到尹继善的赏识，乾隆四年（1739 年）袁枚高中进士，乾隆七年袁枚赴江南任职，1745 年尹继善将袁枚从偏僻的沭阳调回繁华的江宁任县令，两人交往过密，亦师亦友。袁枚与一些文人，与尹继善经常唱和。

两江总督衙门公堂之上，一位穿着胸前绣着仙鹤补子补服的官员，冠帽上有花翎，是一眼花翎，正在高谈阔论。几位同样穿着补服，胸前补子图案不一样的官员正在聆听。有胸前绣有雁补子的四品知府，也有胸前绣着鸂鶒补子的七品县令，他们的冠帽花翎是无眼的蓝翎。身着仙鹤补子的一品大员是尹继善，七品县令是袁枚。袁枚强常常不待室召即入督署，甚至“直入内室”，尹继善姬侍亦不回避，以是人多物议。后来袁枚脱下七品官服，改换长袍，退居南京小仓山构筑随园，过着逍遥的生活。

有清代中兴名臣之誉的曾国藩曾经三次出任两江总督。咸丰十年（1860年）曾国藩以兵部侍郎赏尚书衔署理两江总督，同年实授两江总督；同治七年（1868年）再任两江总督。同治九年两江总督马新贻被刺身亡，曾国藩被朝廷任命为两江总督，审理刺马案，同治十一年在任上去世。

同治三年七月，清军攻陷天京（今南京），太平天国之后南京经济文化萧条。身着一品大员仙鹤官服，头戴顶戴花翎的曾国藩带着臣僚，来到夫子庙、秦淮河一带视察，前呼后拥。曾国藩开禁夫子庙画舫，对于南京经济恢复有再造之功。

补服为官服中经常之服，官场日常活动时所穿，并非随便为之。清朝规定，属员谒见上台，不许穿朝服，其迎送上司只穿补服。若遇重大庆典如上朝谨见则要换朝服，祭祀穿祭服。今日所见影视、戏曲中皇帝召见文臣武将，官员一律着补服，实在大谬。古代服饰有严格的规定，从颜色至佩饰皆不能混淆，不可僭越。违者轻则罚俸、杖责，重则甚至处以极刑。

命妇受封亦得用补子，各依本官所任官职品级以分等级。命妇服装，大体上分礼服和常服。礼服是命妇朝见皇后，礼见舅姑、丈夫及祭祀时的服饰，以凤冠、霞帔、大袖衫及背子等组成。官员的品级在凤冠、霞帔和背子的纹样上均有反映：明代一、二品命妇霞帔，用蹙金绣云霞翟纹；三、四品用金绣云霞孔雀纹；六、七品用绣云霞练雀纹；八、九品用绣缠枝花纹（周汛、高春明《中国历代服饰》）。清代命妇霞帔，在胸背之处缀有补子，比较品官补子与命妇霞帔补子，纹样大同小异。

顶戴花翎

戴顶戴花翎的江南提督张勋

看清宫影视剧，经常看到清代官员头戴顶戴花翎的场面，以及官员被罢官时，会有“摘取他顶戴花翎”的说法。“顶戴花翎”是清代官服制度中，特有的品秩级别标志之一，与补服的补子功能一样，不同的官员冠帽中的“顶戴与花翎”是不同的。

所谓“顶戴”是指官员冠帽顶上镶嵌的各色宝石；所谓“花翎”是指附戴在冠帽上的羽毛饰品。需要指出的是，清代官员冠帽上都有顶戴，但是不是所有官员，都能戴花翎。花翎不完全代表级别，而是一种恩荣。（王云英《再添秀色》）

清代男子冠帽有礼帽与便帽之别。礼帽即官帽，又分为两种，冬天戴的暖帽与夏天戴的凉帽。按照规定，每年三月，始戴凉帽，八月换戴暖帽。帽顶中间，装有红色丝绦编成的帽纬，帽纬上装有顶珠，颜色有红、蓝、白、金等，戴时各按品级。在顶珠之下，另装一支两寸长短的翎管，用以安插翎枝。翎枝有花翎、蓝翎之别。蓝翎以鹖羽为之，花翎则用孔雀毛制作。

清代官帽中的凉帽

冠帽上镶嵌宝石，作为顶子，始于清太宗皇太极时期。清代官员冠帽上镶嵌宝石的制度，经过顺治二年（1645 年）、雍正五年（1727 年）、雍正八年三次修订，最终确定下来形成制度。

一品冠顶红宝石，二品冠顶红珊瑚，三品冠顶蓝宝石，四品冠顶青金石，五品冠顶水晶石，六品冠顶砗磲，七品冠顶素金，八品冠顶阴文镂花金，九品冠顶阳文镂花金。

乾隆以后，冠顶采用颜色相同的玻璃代替宝石，分为透明玻璃和不透明玻璃，透明的称亮顶，不透明的称涅顶。因此，一品亮红顶，二品涅红顶，三品亮蓝顶，四品涅蓝顶，五品亮白顶，六品涅白顶，七品黄铜顶。（王云英《再添秀色》）

花翎始于明代，清袭明制。顺治十八年（1661 年）定其制度。所谓花翎就是带有“目晕”（俗称“眼”）的孔雀翎。分三眼、二眼、一眼，以三眼为贵。清制规定亲王、郡王、贝勒、宗室一律不许戴花翎。贝子的职位在贝勒之下，允许戴三眼花翎；镇国公、辅国公、和硕额驸戴双眼花翎；一、二、三、四等侍卫，官职从五品以上，可以戴单眼花翎。六品以下戴无眼的蓝翎，即鹖羽（鹖羽无晕，且闪蓝光，清代称之为蓝翎）。习惯上将孔雀翎和蓝翎都称为花翎，其实它们是有区别的。

花翎虽然与官职高低有联系，但是又不像补服的补子、冠帽的顶子那么明显，主要作为赏赐。到了清后期，花翎成为奖赏物，晚清重臣李鸿章因为办洋务有功，慈禧太后特奖赏戴三眼花翎。官员有功，奖赏顶戴花翎，如果违法乱纪、办事不力，处罚也要剥夺顶戴花翎。

赐服蟒袍与黄马褂

清代赐服有蟒袍与黄马褂两种，前期赐蟒袍，后期赐黄马褂。

清代对蟒袍使用较为宽松，文武官员皆可服蟒，只是根据服色与蟒数划为四等。通常用金线绣蟒。蟒袍属于显贵之服，

《清会典图》规定了皇子、贝勒、文武官员的蟒袍制式与绣文。福晋、命妇也可服蟒袍，命妇蟒袍等级与服补子一样，各依本官所任官职品级以分等级。清代在名称与形状上，已经将龙与蟒划分得十分清楚，五爪为龙，四爪为蟒。但是在具体执行时，并不一定如此。原因在于蟒袍在清代应用范围甚广，大家皆服，习以为常。实际情况是，地位高的，照样可以穿“五爪之蟒”，而一些贵戚也得到特赏可穿着“四爪之龙”。龙袍与蟒袍在名称上是严格区别的，龙是皇帝的化身，其他人不得僭用。于是，一件五爪二角龙纹的袍服，用于皇帝，可称为龙袍，用于普通官吏，只能叫蟒袍。换言之，龙与蟒类似，用于皇帝身上的就是龙，四爪也是龙，用于大臣身上就是蟒，五爪也是蟒。皇帝若赐服予功臣，必须“挑去一爪，”

如此一改，臣子所得的赐服就不能算是龙袍了。

《红楼梦》也有清代蟒服的描述，第 53 回有："上面正居中，悬着荣、宁二祖遗像，皆是披蟒腰玉。"此外，还有大红金蟒狐腋箭袖（第 19 回）、金钱蟒（第 3 回）"正面设着大红金钱蟒引枕，秋香色金钱蟒大条褥"，等等。

左宗棠穿黄马褂画像

清代赐服有黄马褂。马褂是一种短衣，形制为长不过腰，下摆开衩。马褂本为兵营士兵所穿，其袖短类似于行褂。康熙年间，富贵人家有穿马褂的，因穿着方便，逐渐为人们喜爱。不论男女，在日常生活中都喜欢穿着，就成为一般便服。清代皇帝的马褂，正式名称叫作行褂。《皇朝礼器图》中的解释是"色用石青，长与坐齐，袖长及肘"。明黄色是皇帝的专用色，施之于马褂上，就成了黄马褂。黄马褂原本是皇帝穿的，后来赏赐给臣子，就成了赐服。

清代皇帝的护卫大臣、侍卫多穿黄马褂。他们穿黄马褂与职务有关，不需要赏赐，又名"职任褂"。一旦任职期满或被免职，黄马褂就不能再穿。黄马褂多赏赐近臣，与职务无关。赏穿黄马褂是清代皇帝对高级官员嘉奖的最高荣誉，重大场合穿着，显示受赏得到皇帝的恩荣。据说，身着黄马褂，可以见官大三级，方便行事。

清代很多立有军功的官员，都得到过赏穿黄马褂的恩荣，两江总督李鸿章得过皇帝赏赐的黄马褂。

清帝南巡服饰

清代驻扎南京的最高长官，武官是江宁将军，文官是两江总督。换言之，清代官员中最高级别的官服、戎装在南京都存在。皇帝住在北京紫禁城，但是也有视察江南的时候。康熙六次南巡，康熙二十三年（1684年）九月康熙皇帝南巡，十一月至江宁，谒南京明孝陵，题写“治隆唐宋”；康熙皇帝御龙舟出石城门，数十万军民夹岸持香呼送，文武官员着官服分班跪送，龙舟直达燕子矶北的七里洲。

王翚、杨晋等人1689年绘制了《康熙南巡图》，画卷共12卷描绘了康熙皇帝第二次南巡的场景，包括南巡路上的自然风光、名胜古迹。其中第10卷、第11卷都绘及南京。康熙皇帝由句容至江宁府，过大平庄秣陵关至通济门。一进通济门，街道纵横，房屋鳞次栉比，沿途街道上搭有长达数十里的彩棚。康熙端坐江宁校场看台阅兵。又经过江宁府的报恩寺，经水西门及旱西门，秦淮河上泛舟，途经燕子矶，江水奔腾翻滚，康熙乘坐的龙舟顺江而下。《康熙南巡图》场面壮阔，人物众多，涉及皇帝出行仪仗队伍、文武官员的迎送，对官服的描绘也很细致。

乾隆皇帝从乾隆十六年（1751年）至乾隆四十九年（1784年）六次南巡，每一次都要到江南最繁华的江宁府、苏州府、扬州府、杭州府，其中五次登临南京燕子矶。每次南巡历时四五个月，场面浩大，随驾当差的军人3000名左右，马匹6000匹，船四五百艘，还有几千名民工。

康熙皇帝江宁校场检阅

乾隆十六年，乾隆第一次南巡，由一位亲王督办，兴建行宫。随行人员包括皇太后钮祜禄氏、皇后、嫔妃，还有随从大臣、侍卫人员，前呼后拥，浩浩荡荡。在南京，乾隆行宫建在栖霞山，由当时的两江总督尹继善负责修建，是乾隆南巡路上所建行宫中最大的一座。乾隆皇帝六次南巡，五次驻跸栖霞山行宫，前后共 45 天。乾隆皇帝登临燕子矶，御笔“燕子矶”，并题诗：“当年闻说绕江澜，撼地洪涛足下看。却喜涨沙成绿野，烟村耕凿久相安。”

乾隆皇帝朝服像

戎服：绵甲大行其道

对于一支军队，即使有最好的铠甲，没有优秀的将领指挥和高超的战术，也会被对手打败。明代曾经是强大的帝国，政治的腐败，使它的军队失去了战斗力。崇祯二年（1629 年）袁崇焕指挥明军大败清太宗皇太极，解了京都之围，却又被皇太极施了离间计，而被刚愎自用的崇祯皇帝处死。

十三副铠甲起家

生于白山黑水之间的努尔哈赤，凭借祖传的“十三副铠甲”起家。满洲八旗，靠军功发家，最初也是马上民族，擅长马上搏斗，对于铠甲自然重视。

康熙帝明黄色缎绣彩云金龙纹绵大阅甲

《清会典图》将清代的铠甲分为 12 种，即皇帝大阅盔甲、皇帝随侍盔甲、亲王（郡王）盔甲等。从质地和功能讲，清代铠甲可分为三类：铁叶甲、绵甲和锁子甲。按照制作工艺，清代铠甲可分为明甲、暗甲、铁甲和绵甲等几种。前三种属于带甲片的铠甲，多指锁子甲，即铁甲。后一种则是布面甲，不用甲片，以棉絮为里，采用缝制厚实的布质纤维层，表面缀有甲泡，以此阻挡弓矢。明甲与暗甲其实都是铁甲，甲片露在表面的称明甲，甲片缀于里面、中间的称暗甲，也就是元、明时期流行的布面甲（刘永华《中国古代军戎服饰》）。明甲、暗甲为帝王贵胄使用，甲面描龙绣凤，制作精美。绵甲为上衣下裳式，系一般官兵的军戎服，制作比较简陋。锁子甲则为禁军侍卫的军戎服。

郑成功兵败神策门

清代铠甲形制为上衣下裳制，分为多个部位，上身的称甲衣（无领对襟式，分为有袖与无袖两种），上衣左右保护肩部的称护肩，护肩下面保护腋部的称护腋，保护手臂的称甲袖（下级军官与士兵没有甲袖），保护腿部的称甲裳。甲衣前胸有护心镜，腹部有前裆，腰部左侧衣衩处有左裆。

清代的盔甲重新命名为胄，也就是头盔，材质有革有铁，分为遮眉、舞擎、护领等部位。胄则分为职官胄、随侍胄、兵卒胄三种。职官胄是将帅所用，胄帽顶部的管柱用于插貂尾等饰品，总督、巡抚、提督插貂尾，总兵、副将插獭尾，参将插朱牦。随侍胄是皇帝随从侍卫所用，形制像官帽，顶部饰红纬，结顶处镶嵌珠，有顿项而无护领，帽体用铁皮或皮革制成。兵卒胄系低级军官与士兵所用，以铁为胄架，胄体则由皮革制成，顶部饰红缨。穿盔甲时，腰间挂撒袋，用于装弓矢。

清代随侍胄（引自《中国古代军戎服饰》）

清初，清军曾与南明郑成功的军队在南京仪凤门、神策门一带大战一场。

清顺治十六年（1659 年）五月十三日，郑成功率领 10 万兵马，乘坐舰船 3000 余艘，从浙江沿海起航。攻占定海（今浙江舟山），全歼清军定海水师。由吴淞口、江阴溯江而上，攻克瓜洲，直逼南京。

七月七日，郑军主力到达江宁城北观音门外。郑成功大军首尾相连，扎营狮子山一带。但是郑成功犯了轻敌的兵家大忌，以为大军包围江宁城，守城清军孤立无援，自己胜券在握。郑军扎营仪凤门外，连续十多天，竟然没有发动进攻，只是围城，给了守城清军以喘息之机。

郑成功接受了南京城内清两江总督郎廷佐提出的休整一个月开城投降的建议。数十天内，郑军将士放松了警惕，仅仅围在南京城外，消极等待守城清军投降。

利用这段时间，郎廷佐及江宁提督管效忠整日身披戎装，坚守城池，不敢懈怠。他们准备粮草，置办武器，整修船只，等待援军，为水陆反攻积极做准备。郑军远远望去，江宁城头的巡城清兵稀稀拉拉，似乎以身着杂色服饰的百姓为主。郑军哪里知道，郎廷佐是在演戏。城内满是衣不解带、身披铠甲的将士，或在休整，或在执勤，蓄势待发。

得到求援密报的增援清军不断向江宁城聚集，并从郑军没有设防的江宁城南面顺利进入江宁城，很快城内清军集结铠甲士兵近 2 万人。随后，守城与援驰的清军，开始选择主动出击的时机，以攻为守。仪凤门外的郑军大营成为首攻的目标。七月二十三日夜，清军开始反击，先用火炮集中轰击郑营前锋。清将梁化凤督兵掘开封闭已久的神策门，率兵乘夜突袭郑军大营，郑军猝不及防。等郑成功听到炮声，命令左提督翁天祐部驰援时，为时已晚，郑军前锋全军覆没，甘辉等将领阵亡。原本战斗力最强的郑军“铁人”虎卫镇将士，此时因为身披重甲，行动迟缓，在撤离江岸时多数身陷泥沼，甚至溺水身亡。全副武装的重装铠甲战士，面对突如其来的混战，优势尽失，灵活性反不如轻装铠甲战士。

面对清军的突袭，郑军全面崩溃，军心已乱，腹背受敌，损失惨重。激战中，郑军水师损失大小船只 500 多艘，地面部队先后遭重创，损失在 2 万人以上。江宁围攻战郑军惨败，郑军由盛转衰，南明政权失去了光复政权的最后机会。

绵甲大行其道

清军在南京的战斗，远不止与郑成功这一战。200 年后太平军席卷半个中国，咸丰三年（1853 年）三月太平军攻占南京。十余天后，广西提督、钦差大臣向荣率领 5 万清兵进驻孝陵卫，建立江南大营。四月太平军攻占扬州，钦差大臣琦善率兵 1 万在扬州城外驻扎，建立江北大营，堵击太平军，并夺回扬州。江南大营与江北大营，对太平军形成围剿之势。1856 年 2 月，江北大营为太平军燕王秦日纲所破，清廷随即命德兴阿为钦差，重建江北大营。同年，太平军对江南大营发起进攻，经过四天战斗，清军全线崩溃，向荣败走丹阳，忧愤而死。1858 年初，清军重建江南大营。1858 年 9 月，陈玉成、李秀成再破江北大营，清军与太平军在南京的战事持续不断，近郊秣陵关、燕子矶、仙鹤门、尧化门、孝陵卫、马群，远至溧水、淳化等地，都曾发生过战斗。

清代武士复原图（引自《中国古代军戎服饰》）

清代中期，沉重的铠甲雄风不再，绵甲大行其道，受到将士们的青睐。铠甲中后期多为绵甲，以缎布为面，因此颜色较多。早期的八旗以红、白、橘黄、蓝为基本色，配上相互错开的四色镶边，组成八旗服色，并根据服色确定旗名。八旗的铠甲颜色也各不相同，正黄旗通身黄色，镶黄旗黄地红边，正白旗通身白色，镶白旗白地红边，正红旗通身红色，镶红旗红地白边，正蓝旗通身蓝色，镶蓝旗蓝地红边。武官九品暗甲、绵甲上还用彩线绣一蟒云、莲花灯图案，胄的顿项和护领则随衣甲或用石青色，胄顶髹黑漆。

清代后期铠甲废弃不用，戎服成了军中唯一服饰。清代的戎服都是满族衣装样式。清代武官的行袍就是戎服，其形制与蟒袍相同，只是在右前膝处衣裾比左侧短一尺，短的一截用纽扣扣于袍上，便于骑马时卸下。士兵的戎服就简单多了，上身穿对襟无领长袖短衫，下身穿中长宽口裤。上衣外面一般要罩一件马褂，马褂有前开襟、右衽、长袖和无袖两种（长袖称之为马褂，无袖称之为马甲）。在马褂或马甲的前胸、后背缝有一块圆形布，上书部队番号或领军主帅的姓氏。裤子外系三角形战裙。

从工艺上说，清代的甲胄已经非常完备，坚固耐用，但盔甲再坚固也抵挡不住列强的船坚炮利，面对西方列强，面对明治维新后已由弱变强的日本，清军无法与之抗衡。号称“远东最强大舰队”的北洋水师，在大东沟一战中，一败涂地。

清代新军军服

随着八旗军衰败，绿营军兴起，但装备却远不如八旗军。清代后期，应对太平军、捻军而成立的地方地主武装，如曾国藩的湘军、李鸿章的淮军，不属于正规军，军服不统一。士兵很少配备铠甲。湘军士兵穿着胸前绣有“湘勇”字样的号衣，脚穿双梁鞋或草鞋。淮军比湘军好不了多少，士兵军帽有头巾、草帽、斗笠等多种，松垮垮的号衣，布袋式中长宽口裤，身上背着子弹袋和杂物袋，有的士兵为防雨还携带一把油纸伞。南京城外的很多地方曾经有无数身着号衣、胸前分别绣有“湘勇”或“兵”等字样的湘军、淮军士兵与太平军作战。湘军、淮军士兵军服简陋，高级将领则身着军服，曾国藩、曾国荃、李鸿章都是文官，不穿铠甲。

甲午战争后，举国上下掀起了维新变法、救亡图存的浪潮。《清史稿·兵志》记载，广西按察使胡燏棻在 1895 年倡议，建立一支在军械和军制上模仿西方军队的新型陆军。他建议在北洋辖区训练 5 万人，在南洋辖区训练 3 万人，广东和湖北各训练 2 万人，其余省份各训练 1 万人。

同年袁世凯向光绪皇帝上万言书，提出按西法练兵主张 12 条，并草拟了编练新建陆军章程，“师法德国陆军”。光绪二十一年十月二十二日（1895 年 12 月 8 日），奕䜣、荣禄等人联名奏请派袁世凯督练新建陆军，得到光绪帝批准。袁世凯招募了 2250 名步兵、300 名骑兵，在天津小站按照西法训练中国首支新式陆军。这支部队加上 1894 年底胡燏棻在天津小站（初为马厂）编练的 4750 名定武军，组成“新建陆军”。

小站练兵以德国陆军为蓝本，有一整套近代陆军的招募制度、组织编制制度、军官任用和培养制度、训练和教育制度、粮饷制度等内容的建军方案。小站练兵的陆军，是北洋六镇的老底子，而北洋六镇成为清末陆军的主力。新军包括步、骑、炮、工程、辎重等兵种。与直隶提督聂士成的武毅军、董福祥的甘军，并称北洋三军。此外湖北也有张之洞训练的新军。

与新军建立配套的是军服与军衔的改革。《练兵处奏定陆军营制饷章》中就有“军服制略”一项，对清朝军队原有军服进行改革，体现在五个方面：新军军服“窄小适体，灵便适宜”；便于“敌人远视，官兵莫分；军队相逢，尊卑各判”；军服服色“视线愈远，愈不能真”，“使（敌）人不能远望瞄击”；军帽“前檐稍宽，取蔽风日，以便瞄准命中”；“肩头列号，自官长以至兵目，各按等级次弟，分设记号，务使截然不紊”。

1904 年，清政府在北京设立练兵处，各省设立督练公所，规划全国练兵 36 镇，计划在 1912 年完成。每镇兵力 12500 人，相当于师，镇下设协（相当于旅）、标（相当于团），长官分别是统制、统领、统带。《新建陆军兵略存录》突出了新式军服的规范化。新军阶层分为军官、军佐、军士与士兵四个阶层，非作战人员如军需、军医、制械、军法、军乐、测绘、司号、马医、书记属于文职人员序列，名为军佐。军官制服分为重大礼仪活动穿的礼服和一般场合穿的常服。军官、军佐的制服相近，在袖口、领章处有区别，军官为金辫，军佐为银辫。军官常服是金质纽扣，军佐常服是银质纽扣。

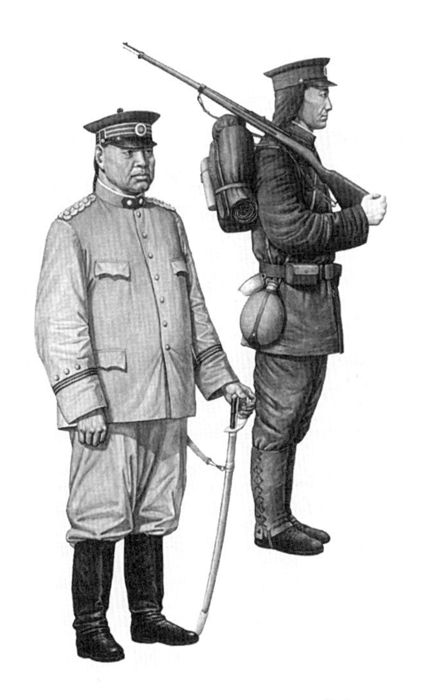

新军军服复原图（引自《中国历代服饰集萃》）

新军各兵种以颜色标识区别，步兵、骑兵、炮兵、工兵、辎重兵军官分别用红、白、黄、蓝、紫色标识；军需、军医用黑、绿色标识。

军官礼服、常服的袖章、领章、肩章、裤章等处，都有金辫、横道，根据职位的高低，数量不等。

驻扎在南京的是陆军第九镇，统制为徐绍桢。每镇均有步兵、骑兵、炮兵、工兵、辎重兵等兵种。镇、协级别的长官镇统制、协统领，属于将军一级的高级军官。辛亥

徐绍桢

革命前，革命党人柏文蔚、赵声、熊成基、倪映典都曾在新军第九镇服役，辛亥革命爆发时，徐绍桢率领新军第九镇投奔革命党，与上海都督陈其美、江苏都督程德全、浙江都督汤寿潜组成江浙联军，与清军交战，并攻克南京，为扭转先前不利形势，巩固长江以南的革命地区立下了汗马功劳。

平民服饰：长袍马褂流行风

清代南京在全国的地位没有明代那么重要，但仍是南方的文化、经济中心。清代在南京设两江总督，其地位稍逊于直隶总督。晚清重臣曾国藩、李鸿章、左宗棠、刘坤一都做过两江总督。

长袍马褂流行服

清代男子服饰分为朝服、官服、常服、便服等。官服主要是补服，常服是期逢斋戒忌日穿的服装，而便服则是在官定服饰之外，日常生活中所穿的服装，包括品官及低级的役使等穿着的服装。

林则徐便装像

清代男子日常生活中的便服有袍、褂、袄、衫、裤等，主要是长袍马褂。长袍在清代非常普及，初期尚长，顺治末年减短才及膝盖，其后又加长至髁骨上。袍衫在同治年间比较宽大，袖口有至一尺余的，到了甲午、庚子之后，腰身变成极短紧的，袖口变窄。清代末年袍衫更是以窄瘦为时尚，“其式窄几缠身，长可覆足，袖仅容臂，形不掩臀，偶然一蹲，动至破裂”。有《京华竹枝词》说其事：“新式衣裳夸有根，极长极窄太难伦。洋人着服图灵便，几见缠躬不可蹲。”

1898 年 5 月，17 岁的少年周树人（鲁迅）接过母亲筹办的 8 元路费，默默离开绍兴，经上海来到南京。他身着长衫，脑袋后面有一条小辫子，手上提着一个装着金不换毛笔等文具、生活用品的提篮，开始了他在江南水师学堂的读书生活，半年后转入路矿学堂。南京的冬天很冷，家道

清末长袍复原图（引自《老照片·服饰时尚》）

中落的鲁迅经济拮据，身上的棉袍破了，棉絮都已跑空，两肩处已经见不到棉花。因为没有钱更换衣服，鲁迅只好穿着夹裤过冬，单薄的夹裤抵御不了寒冷，只好多吃辣椒驱赶寒气。1910年4月南洋劝业会盛大召开，时任浙江师范学堂监学的鲁迅亲带师生专程来南京参观，有“一日观会，胜十年求学”的感慨。此时的鲁迅早已经剪掉了辫子，理着短发，留着短胡子。

马褂，亦称短褂，清代男子所穿的一种短衣。由行褂演变而来。因穿之便于骑马，故名。清代赵翼《陔余丛考》卷33记载：“凡扈从及出使皆服短褂、缺襟袍及战裙。短褂亦曰马褂，马上所服也。”马褂的形制长不过腰，下摆开衩，衣袖有长短两式，长的及手腕部，短的至肘部。

马褂的形制不复杂，但是与袖子、对襟搭配后，也变化出多种款式，如有长袖、短袖、宽袖、窄袖之区别，也有对襟、大襟、琵琶襟之不同。

对襟马褂，原为武士行装，清乾隆年间，军机大臣傅桓远征金川得胜归来，穿此款马褂，因此被称之为“得胜褂”。后来演变成民间男女居家所穿服饰。清代徐珂《清稗类钞·服饰》记载：“得胜褂，为马褂之一种，

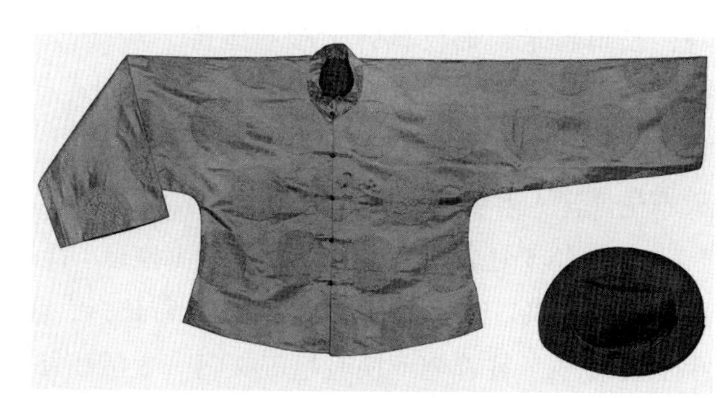
近代对襟窄袖团花马褂

对襟方袖，初仅用之于行装，俗称对襟马褂。傅文忠（恒）征金川归，喜其便捷，平时常穿之，名曰得胜褂，由是遂为燕居之服。”形制为对襟、平袖，长及腰际，穿着时罩在长衫外面。

关于大襟马褂，徐珂《清稗类钞·服饰》说：“马褂之非对襟而右衽者，便服也。两袖亦平，惟襟在右。俗以右手为大手，因名右襟曰大襟。”衣襟开在右边，其四周用异色为缘边。琵琶襟马褂，右襟短缺，便于骑马，与缺襟袍相似。

清代初期，马褂本为营兵所服，康熙末年传至民间，很快在全国流行开来，马褂成了人们日常生活中最为普及的一种服饰。马褂在清代颇为盛行，不仅官员燕居之时喜好穿马褂，老百姓更以穿马褂为时尚。

清代在长衣袍衫之外，上身都加穿一件马褂，马褂比较外褂短，长仅及脐。马褂有长袖、短袖、宽袖、窄袖之分，式样则有对襟、大襟、琵琶襟等款式，袖口是平的。马褂衣襟以纽扣系之，代替了汉族惯用的绸带。清代男子通用服装是长袍或长衫配马褂、马甲，腰束湖色、白色或浅色长腰带，后系手巾。

嘉庆年间，马褂镶边用如意头，咸丰、同治年间改为大镶大沿，到了光绪、宣统年间，下缘在南方减短，至肚脐部位，马褂面料多用铁线纱、呢、缎，服色多用宝蓝、天青、库灰，甚至还有大红色的。

马褂在清代属于适用范围很广的服饰，平民穿马褂，官员穿马褂，皇室成员也穿马褂。男子穿马褂，女子亦穿马褂。马褂不仅是平民百姓的主要服饰，也是皇帝用来赏赐权贵、功臣的赐服。臣子得到皇帝赏赐的黄马褂，在清代是至高无上的荣誉。我们今天看到的很多清代马褂实物，以蓝色、棕色、藏青为主，因此，很多人会认为，马褂色彩很沉闷，式样很落伍，这是误解。清代的马褂远不是这样。马褂的基本形制的确是那样，但变化很多，领子、袖子、面料、色彩不同，派生出的变化也很大。御赐黄马褂的鲜艳色彩，大家都看到。而实际生活中，马褂的用色极为丰富，并不逊色于女性服饰，有明黄、鹅黄、天青、元青、石青、深蓝、宝蓝、品蓝、酱紫、绛色、品月、银灰、雪青、藕荷、桃红、绿色、茶色等服色。

当中国面临西方列强船坚炮利的优势之时，人们往往抱怨武器的落后，可是有没有想过，即使在平时，西方人穿的是灵便的衣服，当道光二十二年（1842年）英国军舰“康华丽”号停泊在长江南京段江面，清政府与英国签订《南京条约》时，南京街道上的人们依然是长袍、马褂，我们是否思考过武器的落后、服饰的笨重只是一个表象？思想的停滞、观念的落后，才是清末中国无法抵御外来侵略的重要原因。正是受到闭关锁国保守思想的影响，清末的服饰仍然被厚重包裹着，迈不开步伐。

旗人袍汉人袄

清代女性服饰分为两类，一种是满族妇女的满族服饰，另一种是汉族妇女的汉族服饰。满族女性以旗装为主，大衫、大褂、旗袍、宽口裤、宽褶裙。汉族女性服饰沿袭明代款式，以大衫或大褂为外衣、袄裙。

清代早期的服饰是袍服，男女通用。男袍叫长袍，女袍叫大衫。只有八旗妇女日常所穿的长袍才与后世的旗袍有血缘关系，用于礼仪的朝袍、蟒袍以及清末男子的长袍长衫，不属于现代人所指的“旗袍”范畴。清朝初期袍服，外轮廓呈长方形，圆领口、窄袖、紧身、箭袖、扣襻、右衽。女袍两腋明显收缩，袍下部开衩，下摆宽大，领袖镶边，颜色素。清代中期出现狭窄立领，袍身和袍袖开始宽大，下摆一般多垂至脚踝。清末的女性袍服开始短且肥大多层，穿衫裙也渐成风气。（满懿《旗装奕服》）

平民妇女服装，康熙、雍正时，时兴小袖、小云肩，还近明式；乾隆以后，袖口日宽，有的竟肥大到一尺多，衣服渐变宽为短。到晚清，城市妇女才开始不穿裙，但上衣的领子转高到一寸以上。男子服式，袖管、腰身日益窄小，所谓京样衫子，把一身裹得极紧，加上高领子、琵琶襟子、宽边大花坎肩，

清代低领彩绣圆角下摆短袄

头戴瓜皮小帽，手拿一根京八寸小烟管，算是当时的时髦打扮。

袄是短衣，汉族女性最为流行的服饰，袄是在襦的基础上派生出的一种服饰，其历史可以上溯到秦汉。《魏书·任城王元澄传》："高祖曰：朕昨入城，见车上妇人冠帽而着小襦袄者，若为如此，尚书何为不察？"袄常与襦搭配，或合而为一，称之为襦袄。大致上长及腰际的短衣，名为襦；比襦长、比袍短的，则为袄。

袄可单层，可夹层。单层的，春夏季节穿着；以厚实的面料为之，或内缀衬里，则为夹袄，秋冬两季穿着。加入棉絮的，称棉袄；用皮毛为之的，称皮袄。袄的形制以大襟居多，偶尔有用对襟的。袄可内穿，可外穿。贴身而穿的，是内衣，罩在其他服饰外面的，则成外衣。《红楼梦》第六回："那凤姐穿着桃红洒花袄，石青缂丝灰鼠披风，大红洋绉银鼠皮裙。"显然凤姐的袄是外穿的。

汉族女性多穿裙

旗人穿旗袍（旗人之袍，与民国旗袍不同），汉族女性仍然穿裙。南京作为南方重镇，很多高官是满人；南京也有清朝驻军，设有江宁将军，军官、士兵中也有满人，家眷中满人也有不少，满人穿着从白山黑水带来的满族民族服饰，满族女性头顶耷拉翅的也时常可以看到。《清宫词》曰："凤髻盘云两道齐，珠光钗影护蝤蛴。城中何止高于尺，叉子平分燕尾低。"寥寥数语，道出了大拉翅的基本形式。满人入关后，很快受到汉文化的影响，八旗子弟渐渐远离骑射，满族妇女也开始追逐汉装时尚，《清稗类钞》记载，乾隆二十四年（1759年）针对选秀女的着装就发布过上谕："此次阅选秀女，竟

近代短袄套裙穿戴组合

有仿汉人妆饰者，实非满洲风俗。在朕前尚尔如此，其在家恣意服饰，更不待言。嗣后但当以纯朴为贵，断不可任意妆饰。”可见满人效仿汉人，穿汉人服饰的情况很普遍，满族贵族、官宦人家尚且如此，江南地区更不必说。总体上说，南京地区是汉族居住地，虽然男子的发式梳着清廷规定的辫发，汉族女性的发式依然保持传统的汉族风格，服饰也没有满族化。

清代男子流行瓜皮帽。帽作瓜棱形圆顶，后又作平顶形，下承帽檐。帽胎有软质、硬质，以黑缎、纱，或马尾、藤竹丝编织成胎。帽檐或用锦沿，或用红、青锦线缘以卧云纹。用红绒结为顶，顶后或垂红缨尺余。嘉庆时流行在帽上绣金线，加缀明珠、宝石。

女性穿裙，裙子系在上衣之内，有月华裙、百褶裙、弹墨裙等多种。百褶裙整幅缎子打成多褶，数十道褶。月华裙颜色丰富，好似皎洁的月亮呈现晕光；墨色裙采用墨弹色而成，淡雅别致。康熙、乾隆年间出现凤尾裙，用缎子裁剪成条拼合而成，裙上绣花，两边镶金线。咸丰、同治年间又有鱼鳞百褶裙，其裙能展能褶，展开时如鱼鳞。光绪年间又有制作精美的加飘带的实物裙。官宦家眷、富裕人家的女性喜穿华丽的实物裙，裙上有飘带，带上系有金质或银质的响铃；一般人家的女性则系简朴的单衣裙、夏布裙。

越洋而来的企领装士官服

至清朝末年，封闭的国家开始受到外来文化的影响，一方面不少传教士来到中国传教；另一方面一些青年学生漂洋过海到西方或东瀛留学。日本因为邻近中国，自明治维新后，发展很快，国力大增，受到中国人的注视，因此留学日本尤其受到思想激进人士的欢迎。

1902 年 1 月，在南京读书的鲁迅，从路矿学堂毕业，获得官费留学资格。3 月 21 日鲁迅与二弟周作人告别之后，从南京下关码头登上了日本轮船“大贞丸”号，驶向上海，又驶出长江口，最后驶向日本。清政府首次派遣学生到日本留学是 1896 年 6 月 15 日，那时只有 13 名留学生。到了 1903 年留学日本形成高潮，每年都有千余名中国青年赴日本留学。鲁迅等一批学生留日归来，日式学生装（企领装）成为一种时髦的服饰，成为受教育人群的代表服饰，孙中山创立的中山装就借鉴了企领装。

另外，明治维新后日本的军事实力与日俱增，不少尚武的青年纷纷进入日本军事学校学习，近代史上的著名人物蒋介石、何应钦都曾毕业于日本陆军士官学校，他们也穿日本士官服。

东瀛的企领装、士官服有个特点：衣领较高，卡在下巴、脖子处，刚穿时可能有些不习惯，但是高衣领却使得穿着者自然而然地抬头挺胸，显得精神饱满。因为这种服装新奇，走在街上十分引人注目。

清代南京的地位不如明代，原本属于江苏的上海开始引领时尚的潮流。尽管汇文学校、明德学堂、金陵大学等教会学校落户南京，其服饰风尚虽有西风吹入，但是尚未形成大气候，西式服饰或东瀛风格的服饰只属于一个特定的阶层，并不是这时南京人的主流服饰。

云锦：霞色灿若锦

云锦诞生在南京，明清时期是皇室贡品，但是进入现代后，在很长一段时间里，很多年轻人并不知道云锦。可以说1911年封建帝制被推翻后，云锦就淡出了江湖，专为皇宫贵胄服务的云锦业渐渐萎缩。云锦虽然有“中国丝织的活化石”之称，新中国成立后有关部门也对云锦织造业进行了整合，但是由于需求减少、价格不菲、织造费工费时，南京云锦业一度陷入窘境。2009年9月30日，南京云锦进入世界非物质文化遗产名录。南京云锦再次进入世人的视线。

云锦历史很辉煌

南京云锦的历史可以追溯到东晋时期，至今有1500多年的历史。因为状如天上云霞，故名云锦。无花纹的丝织物，古代称为“帛”，而有花纹，而且用彩色丝线织出的丝织物，称之为“锦”。“锦”在古代丝织物中，是代表最高技术水平的织物。云锦就是丝织物中的“锦”，也就是人们常说的中国丝织物中的精品。

云锦之名始于南朝，在南朝的《殷芸小说》中有这样的描述：“天河之东有织女，天帝之子也，年年机杼劳役，织成云锦天衣。”在《齐书·舆服志》中也有“加饰金银薄，世亦谓之天衣”的记载。

云锦发展于元代，鼎盛于明清时期。《金陵新志·历代官制》记载，元代设“东织染局，至元十七年于城南隅前宋贡院立局有印，设局使二员，局副一员，管人匠三千六百户，机一百五十四张，额造缎匹四千五百二十七段，荒丝一万一千五百二斤八两，隶资政院管领。西织染局，至元十七年于侍卫马军司立局，设官与东织染局同”。

1367年朱元璋在南京设立尚染局，洪武年间又先后设立神帛堂和供应机房，分别织造皇帝的龙衣、祭服、宫中所用的各种彩锦。可以说，明清皇家在南京设立织造机构，推动了云锦业的快速发展。

清代在南京、苏州、杭州设立织造局，《清会典》记载：“岁织内用缎匹，并制帛诰敕等件，各有定式，凡上用缎匹，内织染局及江宁局织造；赏赐缎匹，苏杭织造。”江宁织造（分为织造衙署与织局两部分）自清顺治二年（1645 年）建立，至光绪三十年（1904 年）撤销，共存在260 年，主管织造的官员中最著名的就是《红楼梦》作者曹雪芹的曾祖父、祖父、父亲曹家祖孙三代四人，他们先后担任江宁织造 65 年。江宁织造担负采办宫中缎匹一切事务，当然还兼有充当皇帝耳目的责任。

清代织锦业在康熙、乾隆年间最为繁盛，云锦除了皇帝、亲王服饰必用，而且还作为答谢越南、朝鲜等国朝贡的馈赠礼品。极盛时代，南京的织锦机户有 200 余家，每户织机两三张、五六张不等，每年出品总数量价值白银 200 余万两。道光、咸丰年间，南京拥有库缎织机 2500 台，妆花描金缎织机 1000 台。明清时期皇室大量使用云锦，当然在丝织物的品种中，并不是以云锦名称出现的，而是以云锦的具体品种，如妆花缎、织金缎、大蟒缎、三色金龙袍料、织金妆花缎、绿地福寿如意库缎、织金缎（纱）、八吉祥库缎、妆花纱龙袍料、黄地缠枝牡丹纹金宝地、白地云龙纹织金缎等名称出现。或者以云锦袍料做出成品的形式出现，如皇帝穿的明黄纱织彩云龙夹龙袍、蓝色缎绣彩云金龙夹朝袍、黄色八团云龙妆花纱男夹龙袍等。

南京、苏州、杭州三个地方的织造局，在生产上是有分工的。江宁织造局主要织造云锦、神帛，以缎匹为主；苏州织造局专织龙衮、锦缎、织绒、庆典用绸，主要是官用缎匹；杭州织造局织造绫、罗、绢、绸、绉，以赏赐用缎匹为主。

江宁织造撤销之后，云锦生产失去了皇室这个专有市场，逐渐衰败。民国时期虽然还有云锦生产，但是销售的对象已有所改变，不再是皇室，而是小众市场的西藏、蒙古等地区的王公贵族。云锦生产也不再是皇室大包大揽的特供，而变成自找市场、以销定产的个体经营；云锦昂贵的价格，不是面向大众的，其产业发展必然受到制约。加上民国时期新兴丝织面料的出现、民国战乱阻隔云锦的外销等诸多原因，导致曾经发达兴盛的南京云锦业，陷入萧条冷落。灿若天上彩霞的云锦，风光不再。

云锦何以珍贵

我国三大名锦分别是四川的蜀锦、苏州的宋锦、南京的云锦。云锦历史悠久，文化底蕴深厚，设计图案、色彩搭配、制作生产，都有一整套流程，也较为复杂，而且织造完全通过手工操作完成，其工艺技术和艺术风格，靠匠人们的手传口授，代代相传。

云锦大花楼木织机

云锦非常昂贵，因为织造费时费力，有寸锦寸金之说。过去织造云锦，都是采用4米高、5.6米长、1.4米宽的大华楼木质提花织机，由两个人分上下互相配合完成的。两人工作一天，只能织成几寸。清代采用妆花工艺，织造宽幅的彩织佛像，图案复杂，门幅超宽，五六位织造师傅通力合作才能操作，往往需要数年才能完成。

明清时期，云锦主要服务于宫廷，如皇帝龙袍、皇后霞帔、嫔妃的礼服，以及宫廷中坐垫、椅靠、帷幔等装饰。明清时期显贵官员的赐服蟒袍、斗牛服、飞鱼服，以及官员补服中的标志等级差别的补子，多用云锦织成。朝廷赏赐外国君主、使节的国礼，往往也选用云锦。特殊的用途，注定了云锦的尊崇地位与高贵身份，织造时不计成本，追求最贵、最好、最美的效果。

织金孔雀羽妆花纱龙袍匹料

1958年对北京十三陵的定陵进行挖掘，出土了大量丝织品，其中云锦袍料、匹料有170多件，此外还有用云锦织成的龙袍、朝服等，主要来源于当时南京的内织染局。万历皇帝的孔雀羽妆花纱龙袍料，长17米，宽70厘米，在轻、薄、透的绛色蚕丝地上，织有四合如意云纹，其薄如蝉翼的纱罗地上用真金线、孔雀羽线（从孔雀身上拔下的羽绒捻成线）、五彩丝绒，织出云龙图案。整匹袍料，泛着七彩光泽，龙纹呈现浮雕般的突起效果，色彩绚丽夺目，仿佛红光缠绕的彩霞，美不胜收。

云锦的工艺特色

南京云锦图案丰富，构图大气，花形硕大，线条圆润。用色大胆浓艳，对比强烈，逐花异色，色韵过渡，配色自由，并且大量用金，大面积显金，呈现金碧辉煌、富贵高雅的格调。当代云锦工艺美术大师徐仲杰指出："云锦区别于其他地区锦缎，除了表现在图案花纹、色彩装饰方面的特色以外，一个极其重要的特点是大量用金（捻金、缕金，也包括缕银和银线）。"

清代福寿双全纹妆花缎

除了大量采用金银线外，南京云锦艺人创造了通经断纬的"妆花"织造技法，织造出加金妆彩的"妆花"锦缎。妆花是明代锦缎中艺术成就最高的提花丝织物。

明代社会纺织业尚没有后世的造假坊，也不会以假乱真玩噱头，"织金"服饰只能用真金、真银线织入，不会是假金线、假银线。人们的日常生活以铜钱、银子结算，黄金的价值远高于白银，这也决定了云锦成本昂贵，只能面向皇室、达官贵人这个市场。加上织造工艺的复杂，云锦自然划归到高贵服饰行列。

明代的锦缎配色重活色效果，色彩悦目，金钱略粗，金线色泽泛赤色；清代配色重色晕，花纹深浅变化有层次，金线略细，色泽金黄。清代云锦擅长将两色金钱或四色金线交织在一匹彩锦中，形成富丽辉煌的装饰效果。

南京云锦的色彩极为丰富，清末以后，民间云锦织造业将常用的色

清代富贵万年纹妆花缎

彩分为三个系列数十种，具体分为：

赤色和橙色系统：大红、正红、朱红、银红、水红、粉红、美人脸、南红、桃红、柿红、妃红、印红、蜜红、豆灰、珊瑚、红酱。

黄色和绿色系列：正黄、明黄、葵黄、金黄、葵黄、杏黄、鹅黄、沉香、香色、古铜、栗壳、鼻烟、藏驼、广绿、油绿、芽绿、松绿、果绿、墨绿、秋香。

青色和紫色系列：海蓝、宝蓝、品蓝、翠蓝、孔雀蓝、藏青、蟹青、石青、古月、正月、皎月、湖色、铁灰、银灰、鸽灰、葡灰、藕灰、青莲、紫酱、芦酱、枣酱、京酱、墨酱。

因为有了如此丰富的颜色，又加入金银线，使得云锦在色彩搭配上变化非常丰富，也营造出了云锦色彩绚丽、富丽堂皇的风格。

云锦的品种

云锦具有很强的地域性特点，南京的织锦才属于云锦的范畴。云锦不是单一品种，而是系列品种。元代的织金锦，明代的妆花缎，清代的金宝地、库锦库缎，民国的芙蓉妆，新中国成立后的金银妆，都属于云锦。

云锦的品种主要有妆花、织金、库缎、天花锦、芙蓉妆等。

妆花是云锦中织造工艺最复杂、最有代表性的品种之一。妆花最大的特点就是通经断纬，在织造中束综分色提花，小纬管局部挖花盘织工艺，简称妆织。妆花缎是在缎地上织出五彩缤纷的彩色花纹，色彩丰富，配色多样。徐仲杰《南京云锦》说：妆花缎的用途，明代以前多用做冬季的服装、帐子、帷幔和佛经经面的装潢等，一般是织成匹料剪裁使用。但是明清两代的妆花织品，很多是以“织成”形式设计和织造的，如龙袍、蟒袍、桌围、椅披、伞盖，乃至巨幅的彩织佛像。

织金又名库锦、库金，因织料上的花纹全部用金线织出而得名。用银线织成的则称为库银。库金、库银属于同一品种，统称为织金。“明清两代江宁官办织局生产的织金，金银线都是真金、真银制成。”（徐仲杰《南京云锦史》）库锦主要用于镶滚衣边、帽边、裙边和垫边等处，多采用花纹单位较小的小花纹样。彩库锦也用于制作囊袋、锦匣、枕垫和装帧。

库缎，又名花缎，因织成之后送入内务府的缎匹库而得名，包括起本色花库缎、地花两色库缎、妆金库缎、金银点库缎和妆彩库缎等品种。库缎是衣料，织造时按照衣服固定样式，把花纹设计到前胸、后背、肩部等位置，织成成件衣料。制作时，按照样式剪裁，缝合成衣。

天华锦，质地厚实平挺，多用圆形、方形、菱形、六角形、八角形图案，填以回纹、万字纹、曲水纹、连线纹等小锦纹，装饰性较强，色彩丰富，风格典雅。

芙蓉妆，虽然名称中含有“妆”字，但是没有采用挖花盘织工艺，而是纹纬与地纬一样通梭织造。其特点是艳而不繁，明快单纯，织物的风格接近织锦缎。

《红楼梦》中的云锦

云锦是南京的特色丝织品，是具有深厚文化底蕴与浓厚地方特色的丝织品。在以南京为背景的中国古典名著《红楼梦》中，也有云锦的痕迹。南京大学吴新雷教授说：“南京云锦在历史上与曹雪芹创作的《红楼梦》有着内在的联系，因为作者曹雪芹是南京人，而且恰恰就出身于江宁织造的簪缨世家。他以南京曹氏家族的生活形态作为创作素材，在小说中描写了有关云锦的织造服饰。”（张道一《南京云锦》）

《红楼梦》第十五回有：“宝玉举目见北静王世荣头上戴着净白簪缨银翅王帽，穿着江牙海水五爪龙白蟒袍，系着碧玉红鞓带……见宝玉戴着束发银冠，勒着双龙出海抹额，穿着白蟒箭袖，围着攒珠银带。”这种江牙海水五爪龙白蟒袍就是用云锦蟒袍料制成的。

此外，还有大红金蟒狐腋箭袖、大红金钱蟒引枕、秋香色金钱蟒大条褥、二色金百蝶穿花大红箭袖、靠色三厢领袖秋香色盘金五色绣龙窄褙小袖掩衿银老鼠短袄等等。二色金就是二色金库锦，库锦是云锦的一个品种；金钱蟒是用金线制成的蟒纹图案的蟒袍料，属于织金锦，也是云锦的一个品种。王夫人耳房内使用的大红金钱蟒靠背、石青金钱蟒引枕，就是用蟒纹的织金锦做成的靠背、引枕。

云锦在《红楼梦》中的出现，不仅交代了云锦与南京的关系，而且反映出曹雪芹家族锦衣玉食的奢华生活，以及云锦在清代宫廷、高官显贵中的使用程度。而从文学描写的角度考虑，云锦富丽堂皇的色彩与故事情节的发展也形成了一种色彩之美。第三十九回的描写，皑皑白雪中，呈现出一派繁花似锦的图像，鲜艳夺目的红色，将美人的粉脸映衬得更加红润，这简直就是一幅色彩艳丽的美人赏雪图。云锦的锦绣之气，富贵奢华格调，也得以展示。

南京云锦是世界丝绸史上东方的瑰宝，其灿若云霞的美丽，在丝织品中具有独特的魅力。

太平天国服饰：金冠龙袍

说南京历代服饰不能不说太平天国的服饰。南京有“十朝都会”之说，这“十朝”之一就是太平天国。

清雍正、乾隆年间，土地兼并，米价暴涨，康熙年间每石米不过两三钱银，到了乾隆初年，增至五六钱银。这时全国人口增加，人民吃饭困难；道光末年的大灾荒，人民流离失所，加剧了社会矛盾。道光三十年十二月初十（1851 年 1 月 11 日），洪秀全、杨秀清、萧朝贵、冯云山等在广西金田村发动武装起义。咸丰三年六月（1853 年 7 月）太平军攻下江宁（今南京），并定都于此，号称天京。至 1864 年，太平天国首都天京被曾国藩领导的湘军攻陷，太平天国政权覆灭，太平天国在南京共 11 年。

太平天国定都天京后，推出一系列举措，颁布《天朝天亩制度》，勾画出洪秀全的理想蓝图；在官制、服饰等方面也有规定，依据官职的大小，穿戴不同的服饰。由于清朝推行剃发易服，而太平天国是反清的，因此不剃发、不结辫，披头散发，太平军因此被称为“长毛”。

总体上说来，太平军喜欢色彩鲜艳的服装，妇女往往脂粉艳妆，华装炫目。太平天国初期服饰不完备，服装多取自戏曲舞台。太平天国严禁女子着裙。到了金陵，一些来自广西的太平军官兵不改旧俗，服饰具有鲜明的乡土特征。当时歌谣唱道：“初破城，即下教。女子去裙男去帽。若辈扎巾尻上垂，滚身衣仅一尺奇。凌寒两足不知冷，下犹单裤上亦皮。”有的太平军甚至穿着戏服出外行军打仗。

官职的泛滥

要了解太平天国的服饰体制，先要对太平天国的官制有所了解。太平天国的服饰依据官职、爵位而有所区别，划分为诸王、官兵与妇女服饰三类。官职分为正职和杂职，所有正职官的职务和官阶相同，没有特定司职，甚至连六部尚书的司职也没有明文规定，除刑部司职较为明确外，其他部门的职责也有临时指派的。

太平天国起义后设前、后、左、右、中五军，有军长、副军长、先锋长及所属百长、营长等官职。稍后改称为军帅、师帅、卒长和两司马。咸丰元年（1851 年）洪秀全称天王后，立四军师，即左辅正军师、右弼又正军师、前导副军师、后护又副军师；封五军主将，统率侍卫、总制、监军及军帅以下官。同年秋冬，在永安封五军主将为东、西、南、北、翼五王，增加丞相、检点、指挥、将军等级。1853 年定都天京后，复增侯爵，形成了王、侯、丞相、检点、指挥、将军、总制、监军、军帅、师帅、旅帅、卒长、两司马十三等官阶制度。王、侯是爵，丞相以下是官。

太平天国前期职官，分为朝内、军中官和守土、乡官三个系统。朝内官以丞相为最高，分天、地、春、夏、秋、冬六官，各有正、又正、副、又副四人，共 24 人；以次检点 36 人，指挥 72 人，将军 100 人。军中官以总制最尊，依次为监军、军帅，军帅辖师帅 5 人，旅帅 25 人，卒长 125 人，两司马 500 人。县以下地方各级政权，由乡民公举，称乡官。

太平天国后期，官制更为繁杂。分为朝官、属官两类。朝官包括列爵、诸将和丞相以下职官三个系列。列爵指王和天义、天安、天福、天燕、天豫、天侯六等爵制度。1859 年 4 月洪仁玕被封为精忠军师干王，随后陆续封了英、忠、赞、侍、辅、章六王和洪氏亲属诸王。连爵同王的驸马、西父在内共 28 个王。增设天将、朝将与原有的主将、大佐将、正副总提，合为军中诸将。丞相以下职官为低级军官，与六爵的次等属官地位相当。总制、监军、军帅至两司马，一般只用来封赏乡官。朝内设掌率综理政事，分正、又正、副、又副，各掌率的官阶因其现任本职的高低而异。到了太平天国后期，洪秀全扩大封王，高级官爵越来越多，封王达 2700 余人之多，排衔不及者称为列王。

王本来是次于皇帝的，多为宗室，偶有异姓王。有王尊号的几个或者几十个，像太平天国这样多出几千个王的，太多太滥，也就不值钱了。

王金冠黄龙袍

太平天国前期，军事力量没有形成大的规模，没有稳固的根据地，军需供应不上，尚无服饰制度，因此太平军穿戴很杂，虽然对红黄两色推崇，也有一些要求，扎红头巾、黄头巾，其他服饰并无严格规定。太平军有的穿红、黄色小衫袄、长袍马褂；有的穿号衣，戴竹盔，着窄袖衫、宽脚裤等，腰间系的汗巾也是红、黄、黑等多色。

洪秀全龙袍

定都天京后，政局渐渐稳定，太平天国制定了较为完备的官服制度，对不同职位的着装做出种种规定。诸王至丞相穿黄缎袍，检点着紫黄袍，指挥至两司马皆紫红袍，其袍式无袖盖窄袖衣裹圆袍，天王袍上绣龙九条，东王袍上绣龙八条，北王袍上绣龙七条，翼王袍上绣龙六条，燕王、豫王袍上绣龙五条，侯至丞相袍上绣龙四条。监军以上皆黄马褂，军帅以下皆红马褂，并以金龙、牡丹等图案来区别地位的高低。

天王马褂绣九团龙，东王马褂绣八团龙，北、翼、燕、豫等各王马褂绣四团龙，自侯至指挥皆绣两团龙，并都将军衔号绣于胸前的团龙正中。自将军至监军黄马褂前后绣牡丹两团，军帅至旅帅红马褂前后绣牡丹。

对于龙袍及龙的图案，太平天国起义初期是排斥的。洪秀全斥责龙袍上的龙为妖怪、魔鬼，但是定都天京后，官制建立后，觉得还是龙袍有威严，其服饰也不再排斥龙与龙袍。但是为了与清朝的龙袍区别，就将龙眼射穿，谓之射眼。天朝所画之龙，为五

洪秀全的龙袍上绣鎏金团龙

爪，四爪便是妖怪。画龙的时候，将一直龙眼圈放大，眼珠缩小，另一只比例正常。两道眉毛用不同的颜色。马褂上的团龙图案，龙的双眼一大一小。在太平天国服饰图案以及其他艺术品中，屡见不对称的造型方法。

太平天国定都天京后，制度虽然完备，但是追求奢华的风气日盛，已经丢弃了农民的本色，礼节庸俗繁琐，生活奢华，服饰豪华。根据制度，各王出行的规模、排场很大，前面“高升”龙灯开道，后面千人相随，百姓要避让，叩头下跪，山呼“万岁”。服饰制度方面，原先被太平天国排斥的封建等级制度，竟然也恢复起来，成为各王的等级标识。

起初，诸王的冠帽是象征意义的，采用金箔纸帽，渐渐发展为铜壳方帽，乃至纯金朝帽。天王洪秀全的衣服纽扣用纯金制成，其奢华不比清朝皇帝逊色。各王的冠帽，马褂、龙袍、鞋履精工制作，绣有纹饰。

1861 年，太平天国增加爵位官职，除主将、义爵之外，又增加了天将、神将、朝将诸名号。天将仅下王爵一等，其头戴金翅龙帽，绣衮黄袍。服饰较之王爵龙袍不过少绣四龙而已。1864 年前后，洪秀全封爵过泛滥，授王爵者数以千计。各王的品级不同，服饰也有差异。一般诸王不过黄风帽，黄马褂、黄履皆绣金盘龙而已，而统辖诸军之王，授军师官职的洪仁玕、李秀成等，因系特爵，其服饰比一般王爵更为高贵华丽。

太平天国后期诸王设有卫队，其卫队服饰似无严格定制，由各王而定。如陈玉成的“红孩儿”，数百人一体皆红。黄文金守常熟时，所部哨马，上皆穿红，长发大红辫，余众亦皆遍身亦片红色。康王汪海洋，其亲军一律黄白号衣。忠王李秀成部队服装包括：宽大的长裤，大多是黑丝绸缝制的，腰间束着一条长腰带，上面挂着腰刀和手枪，上衣红色的短褂，长及腰际，大小与身体相称，发式是他们的主要装饰，他们蓄发不剪，编成辫子，用红丝绒扎住，盘在头上，状如头巾。尾端成一长繐，自左肩下垂，他们的鞋子有各种颜色，全部绣着花纹。清军的鞋子则完全不同，不仅样式略有区别，而且素而不绣。各首领的卫队各有特定的颜色，褂上镶着各种特定颜色的阔边，作为正规的军服。黄色为最高首领或王的颜色，首领均穿长袍，下垂至足，或蓝，或红，或黄，视各人品级而定。（呤唎《太平天国革命亲历记》）

根据文献和笔记记载，忠王李秀成所属部队服饰在太平天国中最为精致，李秀成部队长期转战苏、杭、沪、宁之间，江南一带织造驰名中外，清代专门负责宫廷采办纺织用品与管理的机构（江宁织造局、苏州织造局、杭州织造局）都在江南，驻扎、生活在这个地区，又与外国商人保持通商来往，其部队服饰受到影响，因此更为讲究。

太平天国的等级制度与清朝相比，有过之而无不及。定都天京之后，设立典金靴衙，制红黄缎靴。靴为方头，天王、东王、北王着黄缎靴，以绣龙条数分等级，天王每只靴上绣金龙九条，东王每只靴上绣金龙七条，北王每只靴上绣金龙五条，翼王、燕万、豫王着素黄靴，侯至指挥着素红靴，将军至两司马为黑靴。

黄红头巾厚底鞋

太平天国起义于广西金田，洪秀全、杨秀清等领导人及其起义时的子弟兵，以客家人为主，长期受到客家文化和广西地域文化影响，其服饰也体现客家人的风格。太平军沿袭旧俗，将领俱扎黄巾，普通士兵一律扎红巾。太平军规定红黄二色为天朝贵重物。没有官职的人，仅准用红巾包头，其他服饰用品不得用红黄二色。他们对黄色的崇尚与封建社会一致，也有服色禁忌，规定了服色的崇尚。太平军对清朝服饰中盛行的马蹄袖以及纱帽雉翎一律不用。

对于服饰的规定，体现等级，诸王的鞋履有严格规定，其他官兵的鞋履也有规定。清代便服以鞋为主，公服才着靴，朝服用方头靴，农民穿草鞋。太平军领袖大多是贫苦着出身，自幼就穿草鞋，起义后视靴为妖物，不准着靴，只准穿鞋。太平军打仗时着平头薄地红鞋，有官职者

黄团花马褂

红团花马褂

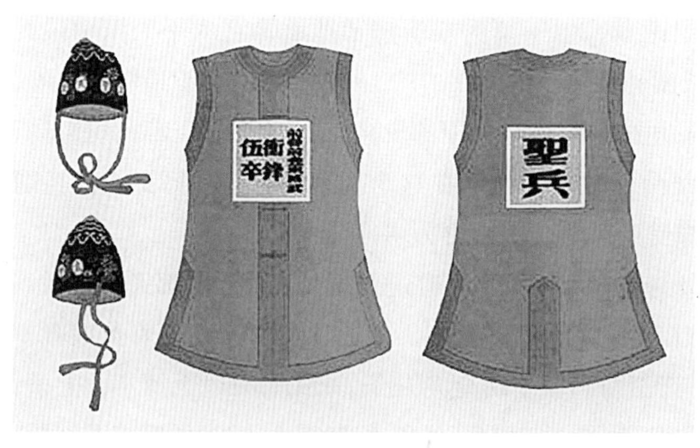

号帽及号衣

及广西老兵着黄鞋。清人曾含章《避难纪略》记载：“鞋子以红、绿绣花为贵，贼目时穿厚底，余皆薄底，或穿草鞋，或赤足，穿袜者绝少。”可见，不仅是鞋子的颜色、用料，连鞋底的厚薄也与其职位高低有关。五色镶鞋、花木屐，还有的太平军“鞋朱绿，底厚几二寸”。

各王统下的士兵，号衣颜色有所不同。天王统下为全黄无边，东王统下黄色镶边，西王统下为黄色白边，南王统下为黄色红边，北王统下为黄色黑边，翼王统下为黄色蓝边。将军以下所属为红色号衣。胸前印“太平”二字，身后写第几军圣兵数字，或某衙听使数字。

平时，夏天穿窄袖衣、宽脚裤，有职的穿红黄衫，其余除白色不准穿外，各色衣服都有。但尤尚黑色，或做短衫，或为坎肩。幼童有穿红、蓝裤者。军中书手准穿长衫。1864年后，与敌犬牙交错，而且因社会生产遭摧残，远离天京的将士衣着谈不上遵循服饰制度，而大批新战士的涌入，一时无法供应，致使服色随便，仅在头上扎一红巾，或加插金花一支以示区别。

短衣长裤大脚婆

洪秀全的起义与太平天国的建立，对于清朝统治是致命一击，对于封建社会制度也有很大冲击，这是客观事实。在太平军中有大量妇女与男子并肩作战，改变了清代女性柔弱、足不出户的形象。

清代满族女性穿旗袍，汉族女性穿裙、袄、大襟衫。但是太平天国严禁女子着裙及褶衣，与军中有大量广西客家妇女的习俗有关，客家妇女均短衣长裤，以适应劳动和作战之需。清代文人对她们极尽嘲讽，称女官“皆大脚蛮婆……身穿上色花绣衣，或大红衫，或天青外褂，皆赤足、

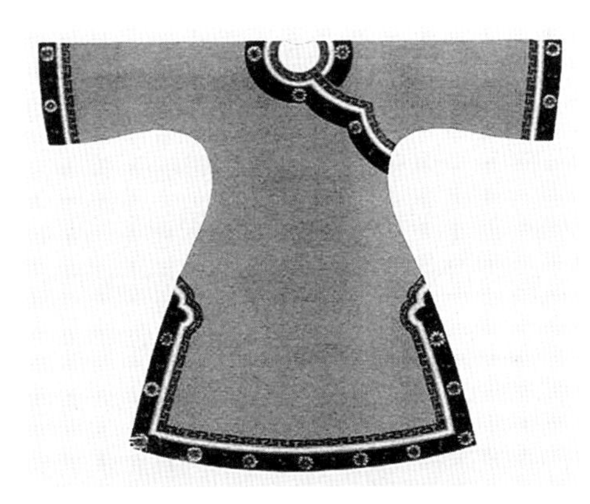

太平天国宽袖女服

太平天国窄袖女服

泥腿、满街挑抬物什，汗浸衣衫，而不知惜，亦不知其丑”。太平天国还禁止妇女缠足，因此军中女性大脚者居多。

普通妇女穿着由各色绸缎制成的长袍，样式以圆领为主，领口开得很小，腰身比较合体，下摆部分较为宽松，衣长过膝，并将衣襟开在左边，与满族有所区别。以“反襟”取“反清”之意。为了骑马、行走方便，在衣襟下摆开衩。

定都天京后，太平天国有专门的女官制度，女官服如男制。不戴角帽和凉帽，多用缎子绸缎扎额。冬月戴风帽，夏月戴绣花纱罗圈帽，形如草帽，空顶，露发髻在外。她们还用金银饰品爱装扮自己，“女官尊者，则金玉条脱两臂，多至十数副，头上珠翠堆集；官渐卑，则金玉珠翠亦渐少矣”。

易服改装

正衣冠改朝衣，是封疆社会改朝换代必须进行的项目。太平军每克一地，即下令民间蓄发易服，“以巾蒙首，不戴小帽，衣无领，无马蹄袖”的服饰体制成为民间服饰的范本，强制执行。

太平军攻克金陵时，禁止民间戴帽，令包蓝布巾。一汪姓读书人拒绝去帽，称：“此我朝元服（即帽子）也，我又头冷，若何可去？”结果被杀。在某些地方，效仿太平军服饰还成为时尚，甚至有外国人也追逐这种时尚。群众对太平军的服饰，仅仅抱着好奇，却并不理解。清军入关，推行“留发不留头”的血腥政策，遭到汉族人的抵制，为此很多坚持明代装束、发型的人掉了脑袋，但是清朝服饰改制时，也有“十不从”之说，即“男从女不从，生从死不从，阳从阴不从，官从隶不从，老从少不从，儒从而释道不从，娼从而优伶不从，仕宦从而婚姻不从，国号从而官号不从，役税从而语言文字不从”。对于出家人的服饰没有强行要求变更，因此很多明朝遗民遁入空门，避免去发蓄辫，画家朱耷、石涛都做了和尚。但是在太平天国统治区域，试图通过遁入空门来逃避现实是行不通的，拜上帝教强烈排斥儒释道，“出令沙汰僧道优婆尼，令还俗，秃子蓄发，不准衣袈裟黄冠，不许蓄羽土服”。出家做和尚也必须执行太平军法令。

太平军每到一地，常将搜来的地主士绅的长袍裁为短衣，太平天国不准着长衣，唯朝会则红衫黄马褂。

太平天国规定夜卧不准光身，白昼不准裸上身，犯则枷打，即使在炎热的季节也不得违例。

不准人民用红、黄二色，把红、黄视为为天朝贵重之色，凡有官者遵官职穿着，无官之人仅准红布包头。百姓男女一律不准扎红布，只允许扎蓝布巾或乌布帽，有喜事者才准加红额一个。如有违反，则要“安天法斩首”。为了进一步区别民间服饰，使其不与“有官者爵者混淆”，太平天国还制定了更为苛细繁琐的衣冠制度，所有“文武士子品级袍帽颜色服制，俱详细定明”，由于不符合当时的现实，因而无法实行。

太平天国的各种制度颇为严格，但是在执行时高官与低级官员、士卒，差异很大，诸王、丞相享受特权，生活奢侈，对下层人员则颇为刻薄，同在天平军中的夫妻都不能居住在一起，这样就造成了不公，滋生了腐败，内斗激烈，以致发生了洪杨内讧，消耗了太平军的实力，最终导致灭亡。

民国篇

（公元1912～1949年）

男装世界：长衫西服中山装

民国时期男装世界长衫、中山装、西装三足鼎立。这三种装束代表着不同身份的人群。一般来说，传统文人、老夫子喜穿长袍马褂，喝过洋墨水的海归派好穿西装，而那些在政府任职、信奉三民主义的官员则穿中山装，这与他们的教育背景和工作有关。这样的穿戴，仿佛是一种身份的标签。

民国初年穿长袍戴鸭舌帽（摄于南京玄武湖）

渐行渐远的长衫

辛亥革命之前，传统服饰以长袍马褂为主。辛亥革命之后，服饰从整体上摆脱了封建帝制的旧传统束缚。关于日常服制的确立有两种方案，一种主张采用西服，一种主张日常服饰基本照旧。礼服用纯丝棉品，专以国货为主，由此掀起了国产绸布缝制蓝布衫的热潮。

尽管出现了西式服装，但是在老百姓中仍然是中式服装的天下。民国时期的长袍马褂，款式与前清有所不同，马褂对襟窄袖，下长至腹，前襟钉五粒纽扣，一般以黑色丝麻棉毛织品为之。长衫一般是大襟右衽，长至踝上两寸，左右两侧的下摆处开有一尺左右的小衩，袖长与马褂齐平，一般用蓝色。用做便服的马褂、长衫，颜色可以不拘。在春秋两季，人们还喜欢穿马甲，在长衫外罩一件马甲，以此代替马褂。这时期的男装也长年在灰色、咖啡色、深青色里面打滚，质地与图案极单调。

20 世纪 20 年代起，大城市的教师、公司洋行和政府机关中的青年人开始穿西装，而老年职员和普通市民穿西装的较少，仍以长衫马褂为主。与西装比起来，长袍算不上挺括，但是穿着的舒适性却胜于西装，特别适合行动缓慢、年龄偏大的中老年人。保守的中式服饰，很贴合中国知识分子温和、可信的形象。长衫庄重典雅，体现出民族的韵味，颇得中老年知识分子喜爱。

胡小石穿长衫像

1927 年，黄侃任教于中央大学，与校方约定“下雨不来，降雪不来，刮风不来”，绰号“三不来教授”。中央大学教授们大多西装革履，进出乘坐汽车，最起码也有黄包车。唯有黄侃天天步行，出入总是一件半新不旧的长衫，用一块青布包几本常读之书。

中央大学艺术系教授徐悲鸿，喝过洋墨水，思想自由，绘画上中西技法皆能，但是衣着却并不洋气。他不好西装，平时总爱穿黄铜纽扣的青色土布长衫，俭朴古雅。因为经常画画，有时候长衫上也会沾上颜料。

笔者的导师徐仲涛教授 1942 年毕业于北京师范大学国文系，师从黎锦熙、唐兰先生。当时工作不稳定，教职是一个学期签订一次合同，这学期在这家学校教书，下期收不到聘书，就要转到其他学校教课了。一件长衫跟着徐仲涛先生辗转安徽、河北、江苏等地学校，南京成为他最后落脚的地方。长衫是做教师的行头，穿上它就显示出教师的儒雅以及职业特征。对于某些教师、职员而言，他们教书、办公、交谈，服饰的款式几乎不变，一袭长衫，变化的仅仅是长衫的质地、颜色，长衫就是本土知识分子的礼服，除了特殊的庆典、聚会，授课讲学、日常办公就是他们每天所要面对的工作，没有理由不身着正装礼服（长衫就是他们的礼服）。

对于很多下层知识分子来说，他们的职业装长衫，就这么一件，或许沾满粉笔灰，或许已经破旧，缝了又补，今天洗了明天还要穿。但是长年不变的长衫，也凸显中国知识分子对事业的执着、对工作的敬业，给人敦厚的感觉。民国时期，长衫就是知识分子的刻板印象。

民国中后期，流行长袍、西服裤、礼帽、皮靴装束，这是中西结合较为成功的一套服饰。既不失民族风韵，又增添潇洒英俊之气，文雅之中显露精干。

长袍、马褂，头戴瓜皮小帽或罗松帽，下身穿中式裤子，登布鞋或棉靴。民初裤式宽松，裤脚以缎带系之，20世纪20年代中期废扎带，30年代后，裤管渐小，恢复扎带。这是中年人及公务人员交际时的装束。

这一时期的教师和大学生中，流行的是长袍和西裤，一般是上身穿阴丹士林长袍，下身穿西式裤子，脚登布鞋，这种装束成了知识分子的“品牌”。

寓意深刻的中山装

说民国服装，不能不说中山装。中山装是在学生装的基础上改革而成的，因孙中山先生率先穿着而得名。

中山装发端于20世纪初，当时孙中山先生感到传统中装不能体现中国人的奋发向上的精神；西装是舶来品，也不大适合中国人的生活习惯，于是萌发了对传统服装进行改革的念头。他从当时在南洋华侨中流行的“企领文装”以及日本陆军士官服中得到启发，在“企领文装”上增加一条翻领，代替西装的硬领，创造出一款新式服装。

本着“适于卫生，便于动作，易于经济，壮于观瞻”的原则，改良的服装采用翻领，胸、腹各做两大两小有袋盖的四只贴袋（明袋），两小贴盖做成倒山形体架式（即笔架盖），寓意中国革命必须依靠知识分子。

中山装式样原为九钮，胖裥袋，后根据《易经》、周礼等内容寓以新意。其形制为立翻领，对襟，前襟五粒扣，四个贴袋，袖口三粒扣，后片不破缝。依据国之四维（礼、义、廉、耻）确定前襟四个口袋，袋盖为倒笔架，寓意为以文治国；依据国民党区别于西方国家三权分立的五权分立（行政、立法、司法、考试、监察），确定前襟五个扣子；依据三民主义（民族、民权、民生）确定袖上为三个扣子；后背不破缝，表示国家和平统一之大义；翻领封闭式的衣领表示“三省吾身”。

中山装创制后，孙中山带头穿着，成为革命与时尚的象征，风靡一时。

民国十八年（1929年）制定宪法时，规定特任、简任、荐任、委任四级文官宣誓就职时一律穿着中山装，以示奉孙中山先生之法，中山装遂成为南京国民政府的制服。

孙中山创制中山装

政府院部如此，国民党党部如此，地方政府机关亦如此。国民党向机关、学校推广中山装，将中山装塑造为革命、进步、时尚的服装，向民众宣传，1928年3月，国民党内政部就要求部员一律穿棉布中山装。此后，各地均将中山装定位为制服。1934年，南京特别市政府规定办公时间一律穿着制服，严厉“取缔奇装异服”，穿中山装，且质料“必须国货”。

舶来品西装

辛亥革命推翻了帝制，社会观念为之一变，服装也为之一变，辛亥革命将清朝280年剪发留辫陋习除尽，也逐步废止了缠足习俗对妇女的摧残。

辛亥革命前，流行传统服饰，以长袍马褂为主。辛亥革命后，中华服饰从整体上摆脱了古典服制的束缚。

民国建立后，开始议定新的礼服标准，1912年5月，“议定分中西两式，西式礼服以呢羽等材料为之，自大总统以至平民其式样一致；中式礼服以丝缎等材料为之，蓝色对襟褂”。早期的礼服是在中式长袍里面再配穿西式长裤的。1912年10月，政府正式颁布男女礼服，规定：

男子礼服分为两种，即大礼服和常礼服。大礼服即西方的礼服，有昼晚之分。昼服用长与膝齐，袖与手脉齐，前对襟，后下端开衩，用黑色，穿黑色长过踝的靴。晚礼服似西式的燕尾服，而后摆呈圆形。裤，用西式长裤。穿大礼服要戴高而平顶的有檐帽子，晚礼服可穿露出袜子的矮

身穿西装的陈鹤琴

筒靴。常礼服两种：一种为西式，其形制与大礼服类似，唯戴比较低而有檐的圆顶帽，另一种为传统的长袍马褂，均黑色，料用丝、毛织品或棉、麻织品。

西装流行发端在清末，当时海外留学生纷纷剪掉辫子，穿起了西装。民国的建立，使社会风气为之开放。宽松的社会环境，为西式服装进入国内提供了契机。西装之所以能够流行，主要原因有两点：一是传统礼教的彻底崩溃，人民不必再顾及所谓的服色正朔；二是对西洋文明的崇尚，爱屋及乌。作家林语堂说：“西装之所以成为一时风气，为摩登女性所乐从者，唯一的理由是，一般人士震于西洋之物之名，而好为效颦。”在民国初年出现这样的趋洋之热，大致有几种因素：一是剪发易服后的产物，废除清朝的辫发，必然引起服饰的变化，民国建立后，清朝的袍褂已经过时，满式的衣饰、发式都已经受到人们的厌弃，而这时候成熟的中式服装尚未出现，因此在易服中出现了一股盲目的西化倾向。二是民国初年服饰崇洋风气受到西化思潮的推动。不过，这时候的西装“是谨严而黯淡的，遵守西洋绅士的成规”。

从老照片来看，中华民国临时政府在南京成立时，孙中山等当时官员大多有身着西装出席活动的留影。穿西装、戴礼帽、蹬皮鞋，也成了当时新派人物的时尚打扮。

20 世纪 20 年代末，国民政府重新颁布《服制条例》，其内容主要为礼服与公服。规定男子常服为长衫马褂；礼服为中山装，夏用白色，春秋冬用黑色，不过这种规定主要在官场实行，对于平时的服饰，则不加具体规定，因此一般人穿衣打扮多不受此等规定约束。

西风东渐，对于中国人的服饰带来很大影响。作为民国首都的南京，感受着这种西风的吹拂，时尚圈、演艺圈率先接受，并亲身体验。时光

中央制片厂工作人员穿西式服饰合影（引自《你没见过的老照片》）

回到1930年。南京中央制片厂的四位男士在工作之余，走出了制片厂，四人错落站成一排，拍下了一张合影照。他们身着深色呢大衣，西式的大翻领，有的是双排扣，有的是单排扣，但无一例外的都是在大衣里面穿着西装、白衬衫，扎领带，脚蹬皮鞋，头梳理得油光锃亮，倒背着手，一副艺术家的派头。他们的服饰自然受到时尚人物、时尚潮流的影响，西装、西式大衣都是当时的时髦服饰。这张照片见证了20世纪30年代中国男子的流行服饰。

社会上穿西装的男人大多是青年，以各学校的学生、教师，洋行和各机关的办事员为主，也有留洋归来的知识分子，而老年人、商店中的伙计，以及一般市民很少穿西装。马褂已经不再盛行，青年人很少穿它，只是在宴会以及传统礼俗活动中才穿着。

画家傅抱石经常穿的是蓝布长衫，但是他也有洋范儿的时候。1932年经徐悲鸿推荐，傅抱石去日本留学，临行前，他在南京玄武湖拍下了一张照片：西装革履，脚蹬黑皮鞋，外面罩一件呢子大衣，梳着二八开的分头，还戴着一顶呢子礼帽，礼帽放在石凳上，跷着二郎腿。

西装在20世纪30年代非常盛行，尤其受到知识阶层的欢迎。30年代时髦男子最典型装束是内穿西装，外罩大衣。演艺界流行效仿美国明星的装束，以中分头和吊带裤为时尚。与西服配套的有衬衣、毛衣、大衣。1935年西式服装流行深色滚边、宽驳头、单纽、圆摆的西装。

此外，学生装大行其道，这时候的学生装其实是西装的变种，形制比西装简单，一般不用翻领，只是一条窄领，穿时用纽扣缩紧，不需要

1932年身穿西装的傅抱石在南京玄武湖（引自《其命惟新》）

领带、领结装饰。因为已经进入了民国，少了服饰“别等级，辨贵贱”的限制，人们在服饰的穿着上自由度增加了，穿着打扮比较随意，人们既可以穿长衫马甲，也可以穿西装戴礼帽，蹬皮鞋。

学生装中还有一种款式为直立领，胸前一个口袋，一般为资产阶级进步人士和青年学生所穿。这种服装系清末引进的日本制服。通常着这种款式学生装的，还搭配着鸭舌帽或白色帆布阔边帽。

李顺昌西服

在服装设计中，这时期出现了海派、京派、广派等服装设计流派，海派服装特点是造型新颖精巧，穿者方便实用；京派服装以宽、长、松、大的风格为特色；广派服装则以短、窄、紧、露以及装饰繁杂而见长。在这三个流派中，尤以海派服装为最盛，它亦为上海赢得了“穿在上海”的美誉。

因为有这样的政治、文化背景，西装有市场需求，20世纪二三十年代大服装公司纷纷染指西装制作，出现了一批著名品牌，如南京的李顺昌、老久章，北京的荣昌源，上海的荣昌祥、培罗蒙等。许多以新派自居的男士，以穿西装为时尚。

南京本土西服制作的代表是李顺昌。李顺昌的历史要追溯到1879年，当年宁波人李来义在苏州开办了中国第一家西服店——李顺昌西服店。李来义长子李宗标在上海学做裁缝，1904年开办了一家小服装店，1915年迁来南京。虽然开门立户，但是名气不大，就沿用了父亲李来义的品牌，取名李顺昌西服店，店址在鼓楼老街茶场（今南京鼓楼区湖北路）。

李宗标在上海日本服装店学过徒，又从父亲宁波帮裁缝中学到经验，裁缝手艺相当好，也善于接受新事物、新信息。他常常从上海买来新面料，又吸纳上海滩流行的服饰新款，帮助顾客量身定做服饰，很快在市场上崭露头角。南京地区的达官贵人及其阔太太、大小姐都成了他的客户。由于他经营灵活，善于为人处世，小小李顺昌服装店渐渐做大了。这时候，李宗标开始接政府的活，制作海军部的海军制服，不仅赚了一笔，更打出了影响。后来李宗标的店铺搬到中山路，李顺昌西服店成为南京服装业翘楚。

西服 19 世纪 40 年代传入中国，最早做西服的是宁波帮裁缝，李宗标父亲李来义开设了中国第一家西服店，到了民国时期，李顺昌家族做西服已积累了三四十年的经验。李顺昌的西服在制作上有固定的程序：毛坯做好后挂两三天，试样后再行修正，定好缩水尺寸才做成西服成品。李顺昌西服选料考究，做工精细，贴合身体，挺括有型，成为南京西服第一品牌。蒋介石、宋子文、孔祥熙、孙科、李宗仁等达官贵人，以及驻华使馆的老外，都成为李顺昌的常客。

李顺昌不仅制作西装，也生产大衣、礼服、中山装、夹克衫、衬衫、西裤等产品，蒋介石一年四季常披的一件黑色披风，也出自李顺昌。

1937 年南京沦陷，李顺昌西服店西迁。1945 年李顺昌西服店在中山路 336 号复业。一时间门前又是车水马龙。

旗袍：一枝独秀

旗袍是民国时期颇具代表性的女装，甚至可以说是中华女性最具代表性的服饰。旗袍虽然来源于旗人（满族人）之袍，但经过改良，已成为中国女性共同的服饰，在民国时期绽放出异彩，谱写了辉煌。

旗袍的起源与演变

清末，传统的保守、封闭观念仍然禁锢着人们的思想。女子服饰尽管出现了旗装、汉装并存的格局，然而旗装的长袍形制，线条平直硬朗，把女性曲线掩盖在厚重的袍服之下，贯穿着“存天理去人欲”抹灭个性的理学观念，有意识地以厚重的衣料来遮掩女子婀娜的身段。

20世纪20年代倒大袖旗袍（引自《中国旗袍文化史》）

满族女子穿袍，里面穿裤，礼袍还要加马蹄袖和繁杂的装饰与附件。旗人之袍下长至足，审美中心在上部，配有大拉翅的旗髻，显得头重脚轻，脚蹬几寸高的花盆底鞋子，这只适合在宫中活动，实用性较差。旗人之袍的面料厚重，装饰繁琐，衣上绣满花纹，领、袖、襟等处绣有宽阔的花边，其花边多到无以复加，咸丰、同治年间的袍服花边装饰层层叠叠，几乎看不见原来的衣料。

进入民国后，袍服体现的等级差别被共和观念打破，女性开始从封建桎梏中解放，女学兴起、女权思想兴起，新式女性开始参与社会活动。女性从闺房走向社会，天足运动、天乳运动在社会上掀起波澜，女性服饰也随之解放，民国之初，上衣下裙和上衣下裤成为女性时兴装束。

20世纪初以后，受欧美服装影响，宽大

的旗袍开始收腰，缩短长度。并且注意体现女性的曲线，追求自然装饰效果，不再强调以装饰面料体现穿着者的地位与身份。1926 年长马甲同短袄合并，形成旗袍的新款式，为旗袍由旗人之袍演变成中华女性旗袍奠定了基础。

穿旗袍马甲的影星梁赛珍

原本严实遮盖身体的旗袍，长至脚踝，从 1926 年起旗袍下摆开始上升（下摆减短），至 1929 年升至膝盖，下摆出现了开衩，女子大方地露出她们秀美的小腿，洋溢着青春的气息。袖口为倒大袖，装饰的镶滚趋于简洁，甚至完全取消，色调淡雅和谐。这种旗袍称之为倒大袖旗袍。

通过对旗袍的改良，女性婀娜身姿在初兴旗袍中得以展现。经济便利，美观大方，赢得了女性的芳心。以前妇女置一套从上到下的服装，需要置办衣、裤、裙等多样，这时一袭旗袍就搞定了。旗袍上下连属，合为一体，衬托出妇女的形体，风采无限。女性是爱美的，遇到可以让自己展示美的服饰，还能不喜欢吗？

旗袍后来形成了两个派别——京派旗袍和海派旗袍。旗袍的发源地在北京，由旗人之袍演变而来。融合了汉族元素立领、左右两面开衩等特点的改良旗袍称为京派旗袍；由平面裁剪改为立体裁剪，增加腰身等时尚元素的旗袍，称为海派旗袍。海派旗袍修长适体的特点正好迎合了南方女性清瘦玲珑的身材特点，逐渐成为一种服饰风尚，并且后来居上，取代了京派旗袍。

海派旗袍主要是指风格，而非地域。包铭新《中国旗袍》定义："京派文化与海派文化不再以地域为界，即并非只有北京的才叫京派，也不是凡是上海的就是海派。京派与海派代表着艺术、文化上的两种风格。海派风格以吸收西艺为特点，标新而且灵活多样，商业气息浓厚；京派风格则带有官派作风，显得矜持凝练。"南京是民国的首都，其服饰时尚与上海是同步的，上海时尚明星的霓裳舞步，很快就在南京风靡；南京也有时尚达人、交际场所，其流行时尚也会很快辐射到全国。

旗袍走向辉煌

西风东渐，丝袜、高跟鞋、胸罩等西式服饰的传入，对于旗袍的兴起有着推波助澜的作用。旗袍展现身材的前凸后翘，胸罩衬托女性前胸高挺，高跟鞋凸显臀部后翘、身材高挑；高开衩的旗袍，露出小腿，配上肉丝透明的丝袜，散发着妩媚气息。

1932 年穿旗袍的南京三女孩合影（引自《老照片》第 5 辑）

进入 20 世纪 30 年代，各大报刊都注意到旗袍的时尚热点，纷纷开设“服装专栏”，约请名画家设计新装；各大百货公司、纺织公司争相举办“时装表演”，招揽生意，推销时装。旗袍借着这东风，一跃而起，成为风头最劲的时装。

旗袍与西式服装结合得十分完美，剪裁得更为合身，除两边开衩外，前后也可开衩，并出现了左右对襟旗袍。领、袖、下摆的变化就更多了，荷叶领、开衩领与荷叶袖、开衩袖等西式服装的装饰大量被采用。另外，旗袍也可以与西式服装搭配。而冬季在旗袍外面套裘皮大衣，领、袖处加以毛皮饰边，则是当时一种摩登的穿法。

到 20 世纪 30 年代末，又出现了一种改良旗袍，借鉴西式服装剪裁方法，有了胸省和腰省，旗袍无省的风格局被打破。同时，第一次出现肩缝和装袖，使肩部和腋下变得适体。

此时，面料已经十分丰富，纱、绉、绸、缎、花呢、棉布一应俱全，流行用条格织物，国产本白或毛蓝布做旗袍，穿起来十分素雅文静，阴丹士林布旗袍成了 30 年代时尚的宠物，深受女学生、女职员乃至闺阁小姐的喜爱。装饰侧重简洁有度，而旗袍的滚边及夹里用料也颇为讲究。

这一时期，服饰附件异常丰富，项链、耳饰、手镯、围巾以及提包已经流行。女子服饰以旗袍为最，其他服饰虽曾流行，但是均未产生过像旗袍那样大的影响。概括地讲，20 世纪 30 年代女子的典型扮样就是烫发，穿长丝袜，脚蹬高跟鞋，身着修长入时的旗袍。

旗袍款式变化多端

旗袍款式众多，变化多端，衣领、袖口、衣襟、下摆、纽扣等都有变化，并且组合成不同的款式。

领有圆宝领、凤仙领、上海领、高领、低领、波浪领、立领、连立领、方领、水滴领、V 字领、西式翻领等。最初时兴低领，继而流行高领，即使在盛夏酷暑，薄如蝉翼的旗袍仍必须配上高耸及耳的硬领，以示时髦。高到直抵腭下，继而至耳，上缀三粒钮，衬托了脸型的美丽。后来盛行低领，领子越低越摩登，当低到实在无法再低的时候，干脆不要领子，也是时尚。

袖有长袖、短袖、无袖、中袖、挽大袖、套花袖、倒大袖、滚边袖、开衩袖等。袖子的变化亦然，时而长长过手腕，时而短至肘部，有的袖长到肩部两寸，再短干脆减掉袖子，变成无袖。有袖的则可以是开衩，也可能镶滚边。

襟有圆襟（衣襟呈圆形）、方襟（衣襟开口圆中带方，富于变化）、长襟、单对襟、双襟（衣襟开两处）、斜襟（从领口斜划过胸前）、直襟（开襟的转角处呈钝角，通至下摆）、曲襟（带 S 棱角，开口较大）、中长襟（衣襟开口长，避开胸部，一直延伸至腰部）、琵琶襟（衣襟开口处呈现琵琶状）、如意襟（衣襟处镶滚如意形）、双圆襟（衣襟处两个圆交叠）等。旗袍除两边开衩外，前后也可以开裤衩，出现了左右开襟的双襟旗袍。

下摆有鱼尾形、波浪形、A 字摆、礼服摆、锯齿摆、宽摆、直摆等。下摆的长度、高低变化最为显著，长度时长时短，时而攀升，从脚踝上升到小腿，膝盖。长时盖过脚面，垂至地面，走起路来衣边扫地。20 世纪 30 年代初，旗袍开衩，并逐渐攀升。1933 年起旗袍大衩流行，所谓大衩，当时也仅仅是衩高过膝，尽管大衩受到老派人士的抨击，但是裸露小腿的旗袍并没有绝迹，反而名声大振。1934 年旗袍开衩到达臀部，而

20世纪30年代扫地旗袍

且腰身也变得紧窄，女性秀美的大腿得以沐浴阳光，获得完美的表露，而后开衩又渐渐回落。

边饰有荷叶边、锯齿边、蕾丝边等，总是不断地变出花样，刺激眼球。

纽扣有盘扣、按扣、金属扣、琉璃扣、拉链等。盘扣是用布条编织而成的具有中国特色工艺，又称盘纽。通过盘扣工艺，制作不同造型的盘扣，如琵琶扣、如意扣、梅花扣、菊花扣、玫瑰扣、蝴蝶扣、凤凰扣、孔雀扣、燕子扣、蜻蜓扣、一字扣、万字扣、吉字扣、喜字扣、同心结扣、吉祥结扣、直扣等。

30年代流行一种长至脚部的旗袍，下摆长可及地，俗称扫地旗袍。

旗袍适应性广，上至官宦人家太太、小姐，下至平民百姓。贵妇人可以穿绫罗绸缎质料的旗袍，百姓可以着粗布面料的旗袍；七八十岁的老太太，五六岁的小妹妹都可穿着一件旗袍；夏天可穿，冬天也能穿，夏天单旗袍，无衬里，轻巧凉快，冬天棉旗袍，里面衬有棉花，挡风保暖。

旗袍面料多，色彩也丰富。缎、纱、绉、绸、呢、布皆可制作旗袍，如丝绒、呢绒、古香缎、织锦缎、横条缎、丝绸、花府绸、印花绸、花洋纺、花麻纺、香云纱、乔其纱、印花纱、麻纱、蓝印花布、阴丹士林布、粗棉布等。不同的面料制作出风格迥异的旗袍，彰显华贵、典雅与淡雅、朴素的风格。面料色彩的搭配，在不同的季节、场合下，呈现穿着者高贵典雅、热情奔放、清雅秀丽、成熟稳重、活泼可爱的面貌。一袭旗袍虽然是衣饰，却又是性格、内涵的衬托。梁实秋说过：“旗袍在变的时候，你永远觉得它是当今的时装，所以，它独领风骚。”

旗袍还可以与其他服饰、配饰搭配，项链、耳环、戒指、胸花、别针、手表、皮包、西装、马甲、大衣、围巾、绒线衫等。和煦的春天，旗袍外套一件短西装或针织背心、披肩，复古情调中加入了新颖风格；微凉的秋天，在旗袍外面披一件西式披肩，美观又保暖；寒冷的冬天，旗袍外罩一件貂皮大衣，裹以围巾，时尚华贵。当时的流行穿法是，冬天裘皮大衣里面是一袭旗袍，袖口、领口以毛皮饰边。

简约的美丽

20世纪40年代女性服饰仍以旗袍为主，不过名称的应用已十分广泛，举凡日常便服、学生校服、工厂制服都可归为旗袍。这时的旗袍不再是30年代那种装饰多、腰身窄的奢靡风格，长度缩短至小腿中部，高时到膝盖。领高减低，夏季无袖，原先烦琐的镶边由宽到窄到无，由于省去了种种繁琐的装饰，旗袍的雍容华贵变得简便、适体。当时还一度流行用国产本白或毛蓝布（又称“爱国布”）做旗袍，穿起来素雅文静。

当时在工厂女工中风行穿一种简便型的旗袍，形制略似面粉袋上挖一个圆孔——无袖无领或低领，不收身、小开衩、长度在膝盖上下，内穿一条短裤，极为轻便、凉爽。

20世纪40年代南京女性身着旗袍合影（引自《老照片·服饰时尚》）

面料上，一方面广泛采用镂空料、花边、珠片、亮片等新材料，另一方面人造丝、人造革等国产辅料已经代替丝、羊毛等舶来品，土布也是旗袍常用的衣料。制作工艺上，垫肩、拉练被引进，领子被改进成可拆卸的领衬，给穿着者带来很多方便。同时衣领矮了，袍身短了，装饰

20世纪40年代南京无袖旗袍(引自《老照片·服饰时尚》)

性质的镶滚也免了，改用盘花纽扣来代替，不久连纽扣也被改成揿纽。这时的服饰采用的是减法——所有的点缀品，无论有用没用，一概剔去。剩下的只有一件紧身背心，露出颈项、两臂与小腿。

20世纪40年代旗袍的总体特点是长度减短，身体暴露程度有所增加，更适合表现女性曲线。旗袍的成本降低了，得以普及，穿着范围扩大。中华女性在简约中显露出自然的美丽，朴素、淡雅成为这一时期的风尚。

阴丹士林情结

民国期间，有一种旗袍非常流行，老太太穿，俏女郎穿，小学生穿；贵妇人穿，贫寒人家的小媳妇也穿。她们不约而同地选择了阴丹士林旗袍。

阴丹士林旗袍不是一种款式，而是制作旗袍的面料，即阴丹士林布。阴丹士林本是一种还原染料名称，其还原染料耐洗、耐晒、坚牢度高。以它染成的布色彩艳丽，人们习惯称之为阴丹士林布，其中以大德染料厂出品的最有名。与传统的土布相比，阴丹士林布颜色鲜艳，种类繁多，与纯洋布比，它又具备了朴素典雅的民族性，因此很受人们的喜爱。阴丹士林布不仅质量好，还可以满足低、中、高不同层次顾客的需求。“如以盖世无双之阴丹士林蓝色布作为一学校全体学生之制服，观瞻最壮”，“本校诸生均穿阴丹士林色布制服，美观大方，引以为乐”，这些阴丹士林布的广告语，今天听来都不觉生疏。

阴丹士林布的广告遍及都市和乡村，在学生中影响尤大。阴丹士林布也以其优良的品质，畅销大江南北，而家喻户晓。学生喜欢穿阴丹士林布做的制服，时髦女郎穿阴丹士林布做的旗袍，阴丹士林布几乎成了“国布”。阴丹士林旗袍成了20世纪30年代的时尚宠物，成为旗袍的一种代表，一种时尚的潮流。即使在若干年后，阴丹士林、士林蓝仍然是经历过世纪沧桑的老人耳熟能详的字眼，她们依然对阴丹士林布充满着怀念、向往，有着深深的阴丹士林情结。

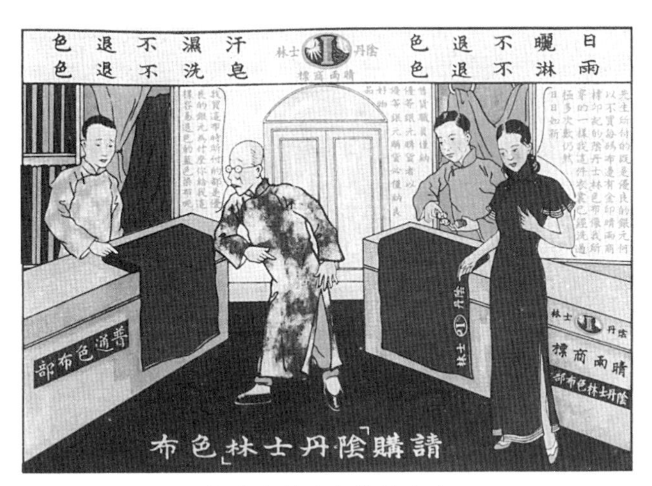

阴丹士林布与旗袍广告

旗袍是一款百搭服饰，更是一种文化。少女的可爱，女生的朴素，影星的新潮，淑女的窈窕，名媛的典雅，贵妇的雍容，老妇的沉稳，这些都能以旗袍来表现。旗袍讲究量身定做，千人千面，不搞流水线的工厂制作，保持了个性特点。纯手工制作，并不仅仅是一种缝制的工艺，更是将设计者、制作者的情感融入其中，使得原本严冷方正的旗袍有了生命的气息。旗袍已经成为一个时代的印记，中华女性的形象象征。

学生装：竹布黑裙

学生穿校服不是现在才有的，其历史可以上溯到士人服饰，明代国家最高学府国子监，以及地方的府学、州学，规定了生员服饰，这些都是校服的源头。

清代西方教会进入中国兴办学校，引进了西方教育理念与管理方法，民国时期的大学，很多都与国外有交流，对于校园环境、校舍建筑、教师、教材以及学生校服都比较重视。

女校兴起学生装流行

中国传统奉行的“女子无才便是德”，阻碍了女子接受教育。清代以前，只有极少数女性能够进入私塾学习。在中国流传甚广的《梁山伯与祝英台》中类似祝英台女扮男装进入学堂只是传奇故事。至于专门为女性开设学校，也只是理想国的愿望。直到清道光二十二年（1842 年），英国妇女组织的东方女子教育协进社社员爱尔德赛，借五口通商开放之际在宁波创办了中国第一所女子学校，开中国正规化女子教育之先河。此后 40 年，外国传教士相继在广州、福州、厦门、宁波、上海、北京、天津等地设立多所女学，其中影响较大的有上海的圣玛利亚女学、中西女塾、清心女学等，南京则有汇文学校、明德学堂以及著名的三江师范学堂（两江师范学堂）。

因为文化的隔阂，西方教会在中国设立的女校发展却举步维艰，招收学生十分艰难。辛亥革命后，共和思想深入人心，西学东渐，女学发展的坚冰开始消融。此时，社会上竞办女学，掀起了一股女权运动浪潮，寻求思想、个性解放的社会大气候涤荡着女子服饰上的陈规陋习。社会对女性的种种礼节限制，有所松弛，女性服饰一扫清末矫饰之风，趋向简洁，色调力求淡雅，开始有意识地体现女性的自然之美。

此时日本服饰之风波及我国，一些妇女（尤其是女学生、女教师）始穿窄而修长的高领衫袄，下穿黑色长裙，裙上不施绣纹，呈现朴素、清纯、淡雅的风情，昔日繁多的簪钗、手镯、耳环、戒指等首饰一概不用。张恨水在《春明外史》第二十四回就有这样的记述：“她身上穿了一件瓦布灰皮袄，下穿黑布裙子，肩上披了一条绿色镶白边的围脖，分明是个女学生。”

民国初年起，西学东渐，糅合了西洋服饰元素和中国传统服饰特点的文明新装在女学生中应运而生。文明新装有别于女子传统服饰对襟衫、袄子等，其形制为上衣多为腰身窄小的大襟袄，摆长不过臀，袖短露肘或露腕呈现喇叭状，袖口一般为七寸，称之为倒大袖，衣服的下摆多为圆弧形，并在领、袖、襟等处缀有花边。裙子也略为缩短，但不曾缩短到膝上（在这以前的裙子下垂及足），裙褶完全取消而任其下垂。留洋女学生和国内教会学校女学生，率先穿着这种由袄子演进、变化而来的服装，被称为“文明新装”。文明新装在女学生中流行起来，虽然还不是校服，但可以看成是学生装的先驱。在文明新装的基础上，以袄衫为基本形制，革除倒大袖，去除装饰的花边，衣料、颜色以素雅为主，就形成了民国初年至 20 世纪 20 年代女校校服的基本格调。

民国初年女学生的打扮一般是短耳齐发，浓密的长刘海，脸上一副无框眼镜，短袄长裙，脚蹬一双黑皮鞋。素色上衣四周镶着鲜艳的滚边，斜襟上插着一支自来水笔，就是一个时髦而且漂亮的女学生。20 世纪 20 年代末至 30 年代初，还有许多女孩子模仿十几年前的女学生打扮。20 年代中期开始走红、出身梨园世家的京剧名伶孟小冬留存一张玉照，活脱脱一个女学生。30 年代，在上海演出过明月歌舞的影星王人美仍然穿学生服、短裙，装扮成女学生的样子。

张恨水先生《啼笑因缘》描述了 20 世纪 20 年代的学生装：“看她身上，今天换了一件蓝竹布褂，束着黑布短裙，下面露出两条白袜子的圆腿来，头上也改绾了双圆髻，光脖子上，露出一排稀稀的长毫毛。”清纯学生装，成为一种流行服饰。

民国时期有校服的学校大多有西方背景，如上海中西女中、圣玛利亚女校，北京培华女中、贝满中学、清心女中，南京明德学堂等。穿校服以中学为主，林徽因有一张经典的学生装照片，是 1913 年在北京培华女中的留影。而大学对校服规定较少，例如北京大学没有硬性规定，然而也有大家认可的准校服。南京的南高师对于校服也没明确要求，但是女生穿的则是社会普遍认可的学生装。金陵女子大学的女学生则有统一的校服。

女学生的奇装异服

晚清以来，妇女服装已发生较大变化，民国初年剪辫易服风气又使这种变化推波助澜。上海、广州、南京等城市妇女的装饰趋于洋化，追新求异成为部分市民的服饰时尚。然而，作为学生，盲目追求奇装异服必然引起教育当局的不满与担心。

1913 年，一些时髦女性的奇异服装很快为广东女学生仿效，就像当下女学生疯狂追星一样，她们穿着“猩红袜裤，脚高不掩胫，后拖尾辫，招摇过市”。尽管当时没有互联网，但是时尚的流行，如滔滔江水，流行速度很快，广东那边刚刚流行，江苏这里就蔓延开来。南京女学生时髦服饰的流行，让教育部门颇觉头疼，禁与不禁，尺度把控挺不容易。南京政府发布《江宁县整顿女校令》，以增进女子学识、改良家庭习惯、养成他日之良妻贤母的目的来要求“今后在校生一律用布服，不得侈用绸缎，发髻求整洁不得为各种矜炫异之式样”。广东教育当局下令整肃，“此后除中学以上女生必须着裙外，其小学女生凡 14 岁以上已届中学年龄者亦一律着裙，裙用黑色，丝织布制，均无不可，总须贫富能办，全堂一致，以肃容止”。其理由不可谓不充分，但是学生们并不领情，选择了与校方对立的态度。

江苏苏州、无锡也采取了禁止学生穿时髦服饰的做法，南通女子师范学校还针对学生服饰制定出裤长与膝盖距离，袖子与腕距离，衣服颜色和质地等详细规定。满园春色关不住，越是禁止，学生们的反弹就越是强烈。校方与教育部门的禁令，并没有起到令行禁止的效果，反而激起学生的反对，有的学生一不做二不休，干脆选择退学，顷刻间兴起了退学风潮。苏州省立第二中学学生不穿制服，违抗校长命令，受到校方批评，有 16 位学生为此退学。16 名学生退学时，校长挥泪目送他们离开学校，但在其内心却涌动着热流，新观念与旧思想的碰撞，惋惜与无奈。

女学生奇装异服，追趋时髦的风气是社会时尚的反映。教育部门整饬服饰，反对在校园穿奇装异服，要求穿校服，也有端庄消费观念，树立俭朴校风的考虑。总体说来，教育界是反对社会奢靡风气的，尤其反对这种风气对校园、学生的侵蚀。长沙影珠女校设立了女子崇俭会，校长朱德裳说："女子于衣服首饰等饬项，消耗尤巨，况现已提倡剪发，更无需用首饰之必要。特集合同志数人，发起女子崇俭会。"

竹布黑裙学生装

社会奢靡服饰与学生装（校服）的交锋反复反复。大抵学生思想活跃，接受新事物快，容易受到外界的诱惑，同时对服饰的等时尚潮流也有追逐的心理。1913 年全国各地的学校都对学生装中的奇装异服进行过整顿。但是到了 1917 年，都市服饰又发生了变化。那年夏季开始，南京、上海等地流行一种无领、袒臂、露胫的女装，这种服装最先流行于青楼之中，逐渐风行于社会，时髦女性以及女学生亦纷纷仿效。对于时髦服装的批评，由来已久，然而屡禁不止。窄小袒胫露手臂的服饰不仅流行于南京、上海等大城市，在一些交通便利的中小城市也成为时髦。

南高师与学生装

民国时期的南京是教育重镇，南京高等师范学校（国立东南大学、中央大学前身）、金陵女子文理学院、金陵大学以及后来的国立中央大学等均落户于此，中等教育更为普及。

今天的人们对于女生上学、男女学生同校读书已司空见惯，却不知百年前的民国初年，男女学生仍然不能同校，女性上学只能进女子学堂。五四运动之后，男女同校才有所松动。

1919 年 12 月 7 日，南高师教务主任陶行知在第 10 次校务会议上提出建议开禁女子上学，允准女子与男子同在南高师接受教育。建议得到校长郭秉文、学监主任兼史地部主任刘伯明、教育系主任陆志韦等坚决支持，校务会议决定自 1920 年暑假正式招收女生。

20世纪20年代南高师女生合影

南高师开女禁消息传出，朝野哗然，甚至思想开明的实业家张謇和南高师老校长江谦都表示反对，但是南高师排除种种困难，在南京如期开考招生。报考的女生多达百人，张佩英（后改名张蓓蘅）得到陈独秀、张国焘、茅盾等人的鼓励，专程从上海赶来南京投考。千挑万选，学校最后只录取了李今英、陈梅保、黄淑班、曹美恩、吴淑贞、韩明夷、倪亮、张佩英8位女生。她们被安排在不同系科，与男生同班学习。南高师成为在中国首开女禁的高校。如今流行而“权威”的说法是“北京大学在中国首开女禁”，事实上是“南高师在中国首开女禁”，或者是“北大和南高师在中国首开女禁”。

女生与男生同校，在当年非常热闹。习惯了清一色男生上课的南高师，忽然间来了几个女同学，同学们也充满好奇。学校对这8位女生也是格外照顾，她们有专门的校服，沿袭教育司规定的竹布上衣、黑色裙子的款式，上衣是下摆至腰间的素色袄子、长袖。这8位首开女禁直接受益的南高师女学生，穿上校服后在校园草坪上，拍下了一张纪念照。两人坐在草坪上，一人半靠长椅，另5位则在长椅旁站立，有的双手抱胸前，有的双臂下垂，有的则放在背后，坐与站都很随意，留下了这张值得回味的照片。

1920年初，私立上海大同学院为实行女子解放主义，效仿美国制度，允准中学毕业的女学生进文商各科学校，南京金陵大学也因北大开放女禁，而新开一班“英语教授法”实行男女同学，有金陵女子大学女学生十余人到该班与男生同学。大学男女同学的禁令被冲破之后，中学男女同学也开始实行。

女大学生的标准打扮

女学的兴起、男女同校的开禁，让很多女性迈出家门，见识了社会。女学生渐渐增多，成为社会上的一股新兴势力，她们接受新思想、新文化，主张男女平等平权，标榜自由，不拘旧俗，时人称她们为“自由女”，她们开始追逐时尚，文明、科学之风，在社会上传播。女学生因此成了时尚的急先锋。

当时女学不仅需要家长开放思想，经济上也要有相当实力，因为女校的收费不菲，具有百年历史的南京私立明德女子学校，当年的学生中就有很多政府官员的千金，如张治中女儿张素我等。尽管有奖学金之类的补助，教会学校对于教徒也有赞助，但是金陵女子大学等数所院校每学年的费用也非一般家庭可以承担。

女学生的组织成分复杂，有留学归国者，带来东洋女子的衣着特色，有少奶奶不甘家中寂寞进学堂读书消遣时间者。东洋发式和西式围巾、西式皮鞋，以及金丝眼镜、手表、怀表、洋伞、手提包等，在女校都有所展示。

20 世纪 40 年代南京学生装（引自《老照片·服饰时尚》）

20 世纪 30 年代，阴丹士林布料流行于中国，阴丹士林旗袍也大行其道，也被很多学校选为校服。到了 40 年代，金陵女子文理学院的校服以旗袍为主，以简朴为风格。多数大学的女生校服以朴素大方为主流，式样变化的布质长旗袍、搭扣皮鞋、齐耳短发，成了女大学生的标准形象。校服流行于女校，素雅学生装，文雅女学生，就像社会的一张标签。她们的身份，受到社会推崇，她们的装扮，得到社会的效仿。男女同校的学校，男学生对于校服的概念相对淡化，穿着统一校服的主要是免学费的师范类学校。20 世纪 30 年代北京大学的男生准校服是蓝布长衫，这只是学生们的习惯穿戴，并没有校服的规定。

主要参考资料

（晋）崔豹撰：《古今注》，辽宁教育出版社 1998 年 3 月版

（南朝宋）范晔撰：《后汉书》，岳麓书社 2008 年 3 月版

（南朝宋）刘义庆撰：《世说新语校笺》，中华书局 1994 年版

（南朝梁）沈约撰：《宋书》，中华书局 2006 年 12 月版

（南朝梁）萧子显撰：《南齐书》，中华书局 2007 年 3 月版

（唐）李延寿撰：《南史》，中华书局 2008 年 2 月版

（唐）姚思廉撰：《陈书》，中华书局 2008 年 4 月版

（唐）姚思廉撰：《梁书》，中华书局 2008 年 12 月版

（唐）李百药撰：《北齐书》，中华书局 2008 年 12 月版

（唐）房玄龄等撰：《晋书》，中华书局 2010 年 2 月版

（宋）沈括撰：《梦溪笔谈》，团结出版社 1996 年 12 月版

（宋）孟元老著：《东京梦华录全译》，贵州人民出版社 1998 年 7 月版

（宋）陆游著：《老学庵笔记》，三秦出版社 1998 年 7 月版

（明）田艺蘅撰：《留青日札》，上海古籍出版社 1992 年 11 月版

（明）王圻、王思义编集：《三才图会》，上海古籍出版社 1993 年 10 月版

（明）沈德符撰：《万历野获编》，中华书局 1997 年 11 月版

（明）余继登撰：《典故纪闻》，中华书局 1997 年 12 月版

（明）朱国桢著：《涌幢小品》，文化艺术出版社 1998 年 8 月版

（明）郎瑛撰：《七修类稿》，文化艺术出版社 1998 年 8 月版

（明）无名氏撰：《天水冰山录》，北京古籍出版社 2002 年 9 月版

（明）顾起元撰：《客座赘语》，南京出版社 2009 年 4 月版

（清）张廷玉等撰：《明史》标点本，中华书局 1974 年 4 月版

（清）顾炎武著：《日知录集释》，中州古籍出版社 1990 年 12 月版

范文澜著：《中国通史》第二册，人民出版社 1979 年 5 月版

鲁迅著：《鲁迅全集》，人民文学出版社1981年版

徐仲杰著：《南京云锦史》，江苏科学技术出版社1985年4月版

王焕镳编纂：《首都志》，南京市地方志编纂委员会办公室1985年10月内部发行

中国军事史编写组编：《中国军事史》附卷下册，解放军出版社1986年6月版

中国军事史编写组编：《中国军事史》第二卷《兵略》上，解放军出版社1986年8月版

中国军事史编写组编：《中国军事史》第三卷，解放军出版社1987年10月版

中国军事史编写组编：《中国军事史》第二卷下册，解放军出版社1988年3月版

周锡保著：《中国古代服饰史》，中国戏剧出版社1986年10月版

王三聘辑：《古今事物考》，上海书店影印1987年3月版

周汛、高春明著：《中国历代妇女服饰》，学林出版社1991年10月版

（美）牟复礼、（英）崔瑞德编：《剑桥中国明代史》，中国社会科学出版社1992年2月版

陈茂同著：《中国历代衣冠服饰制》，新华出版社1993年3月版

周汛、高春明著：《中国历代服饰》，学林出版社1994年2月版

李锦全著：《海瑞评传》，南京大学出版社1994年4月版

黄能馥、陈娟娟编著：《中国服装史》，中国旅游出版社1995年5月版

蒋赞初著：《南京史话》，南京出版社1995年8月版

周汛、高春明著：《中国历代服饰大观》，重庆出版社1996年6月版

周汛、高春明主编：《中国衣冠服饰大辞典》，上海辞书出版社1995年12月版

孙机著：《中国圣火》，辽宁教育出版社1996年12月版

沈从文编著：《中国古代服饰研究》增订本，上海书店出版社1997年6月版

王云英著：《再添秀色——满族官民服饰》，辽海出版社 1997 年 8 月版

刘志琴主编：《近代中国社会文化风情录》，浙江人民出版社 1998 年 3 月版

鲁迅博物馆编著：《鲁迅文献图传》，大象出版社 1998 年 6 月版

华梅著：《服饰与中国文化》，人民出版社 2001 年 8 月版

高春明著：《中国服饰名物考》，上海文化出版社 2001 年 9 月

赵超著：《霓赏羽衣——古代服饰文化》，江苏古籍出版社 2002 年版

徐仲杰著：《南京云锦》，南京出版社 2002 年 9 月版

刘永华著：《中国古代军戎服饰》，上海古籍出版社 2006 年 6 月版

凯风著：《中国甲胄》，上海古籍出版社 2006 年 12 月版

（韩）崔圭顺著：《中国历代帝王冕服研究》，东华大学出版社 2007 年 12 月版

吴晗著：《朱元璋传》，北方文艺出版社 2009 年 3 月版

魏兵著：《中国兵器甲胄图典》，中华书局 2011 年 9 月版

陈维辉主编：《古代保护装备》，解放军出版社 2012 年 1 月版

王熹著：《明代服饰研究》，中国书店出版社 2013 年 8 月版

卢海鸣、邓攀编：《金陵物语》，南京出版社 2014 年 8 月版

南京博物院编著：《南唐二陵发掘报告》，南京出版社 2015 年 7 月版

卢海鸣著：《南京历代名号》，南京出版社 2016 年 4 月版

黄强著：《中国服饰画史》，百花文艺出版社 2007 年 8 月版

黄强著：《中国内衣史》，中国纺织出版社 2008 年 1 月版

黄强著：《衣仪百年》，文化艺术出版社 2008 年 6 月版

黄强著：《服饰礼仪》，南京大学出版社 2015 年 8 月版

黄强著：《趣民国》，社会科学文献出版社 2015 年 12 月版

后 记

作为南京人，我一直在研究桑梓之地的文化，出版了关于老南京的书籍《老明信片·南京旧影》《消失的南京旧景》；也一直想写南京服饰史，媒体曾经以“南京人要写南京物质生活史”为题做过报道。在自己出版的著作中，多多少少涉及南京历史上的服饰，但是独立成书的还没有。原因是多方面的：专题写一个城市的服饰流变史，区域性强，读者面窄，远不如服饰通史的图书有市场，出版受限制；近年来我承接了若干约稿，优先写作签定了出版合同的书稿，有关南京服饰史的书稿一放再放；写作、讲课任务重，有若干专栏、多门课程，每年要写一本新书，已经非常忙碌了。

按照我原来的计划，对于南京服饰选题，集中南京历史上最有代表性的朝代，分为三部：六朝服饰史、明代服饰史、民国服饰史。“六朝服饰史”书稿已在撰写之中。

机缘巧合中，南京出版社策划“品读南京”丛书，以全新视角和构架，运用最新的研究成果，力图点、线、面结合，全方位、多角度展现南京历代文化脉络。“南京历代服饰”选题名列其中，承蒙南京出版社厚爱，我受邀撰写《南京历代服饰》。

写作服饰通史，可用资料多，凡是历史上有的服饰皆可引用，写作南京服饰则有很多局限，历史上有过的服饰文明，未必能够证明是在南京发生的，或南京历史上曾经有过的。史料记载的区域性并不明显或根本没有区域指向，这是写作南京服饰史最为困难的。服饰伴随人的生活，在历史长河上发生的与人有关的事件，肯定有服饰的存在，然而要把历史事件中的服饰指向明确出来，并不容易。如何梳理哪些服饰是南京历史上有过的、南京人穿过的、外地人带入南京的，需要仔细甄别，也需要寻找一种合适的叙述方式来说明。因此在写作本书时，前期的史料梳理，与选择怎样一种切入点、表述方法，颇费周折。

从王安石退下相位，隐居南京，构筑半山园，寻访钟山风景，友人拜访观景吟诗，将他的生活与服饰叙述结合在一起，一方面介绍了服饰穿着，另一方面又使得叙述生动，并不是单调地介绍服饰形制。南宋词人李清照是山东济南人，却与南京渊源颇深，丈夫赵明诚来南京做官，她作为眷属来到了南京，而且在南京写出了名作《声声慢》，叙述了她的南京生活与感慨。丈夫去世后，她在南京为赵明诚办理了后事，南京文化、南京服饰融入了她的生活，南京是她经历中抹不去的爱与痛。"烛底凤钗明，钗头人胜轻"写的就是南宋时南京女性服饰中头饰（首服）的风尚。李清照早有终老南京的打算，如果不是婚姻的变故，她会为南京、南京服饰留下更多的优美篇章。把李清照婚姻、诗词创作，与事件经历、南京服饰文化融合，自然贴切，符合史实，而且使得南宋时期南京的服饰有了异样的色彩，让读者了解《声声慢》的诞生与南京的关系。再如对历代军戎服饰的论述，把将士铠甲放入隋灭陈之战、郑成功兵败神策门等战争背景中，以表现战争与军服的关系，也说明服饰的演变与历史的演进。

这样原先区域指向不明确的服饰就有了归属，打上了南京的标签。它们就是历史上南京有过的、在南京出现过的服饰，流行过的时尚，或者由南京辐射出去、外地人带入南京的服饰。总之，所有的服饰皆与南京有关，南京历代服饰的概念也应当如此。

家国天下，故园情怀。宣传南京、建设南京，是我这个南京"土著"的愿望，我也一直在努力这样做，还会继续写作老南京的书稿。本书是我与南京出版社的第三次合作，也可以说又有了一次宣泄对故乡热爱的情绪的机会。感谢南京出版社策划了这样一个好选题；感谢卢海鸣社长、范忆副编审的赏识。

感谢服饰史研究前辈对我的指导和支持，本书引用了周锡保、周汛、高春明、刘永华等老师著作中的图片，在此表示感谢。

半年的笔耕，时间有些仓促，"洞房昨夜停红烛，待晓堂前拜舅姑。妆罢低声问夫婿，画眉深浅入时无？"交稿后，不免有些忐忑，这样的叙述方式、写作风格，是否适合读者阅读？

黄强（不息）